V-22「魚鷹」傾斜旋翼機

美軍新一代主力戰術運輸機

V-22 OSPREY

保羅．艾登 (Paul E.Eden) 著　　郭瑋 譯

國家圖書館出版品預行編目 (CIP) 資料

V-22「魚鷹」傾斜旋翼機：美軍新一代主力戰術
運輸機 / 保羅 . 艾登 (Paul E.Eden) 作；郭瑋
譯 . -- 第一版 . -- 新北市：風格司藝術創作坊，
2021.02
　　面；　公分 . -- (全球防務；009)
譯自：V-22 osprey
ISBN 978-957-8697-59-1(平裝)

1. 運輸機 2. 軍機

598.63　　　　　　　　　　　　　110002426

全球防務 009

V-22「魚鷹」傾斜旋翼機：美軍新一代主力戰術運輸機
V-22 OSPREY

作　　者：保羅‧艾登（Paul E.Eden）
譯　　者：郭　瑋
責任編輯：苗　龍
發 行 人：謝俊龍
出　　版：風格司藝術創作坊
地　　址：235 新北市中和區連勝街 28 號 1 樓
　　　　　Tel：(02) 8245-8890
總 經 銷：紅螞蟻圖書有限公司
　　　　　Tel：(02) 2795-3656　Fax：(02) 2795-4100
地　　址：台北市內湖區舊宗路二段 121 巷 19 號
　　　　　http://www.e-redant.com
版　　次：2021 年 3 月初版　第一版第一刷
訂　　價：380 元

目录

第 *1* 章
傾轉旋翼機 ——————————————— 1

第 *2* 章
研發背景和過程，測試和發展 — 19

第 *3* 章
設計特點 ——————————————— 71

第4章
優勢和弱點 —————————————— 77

第5章
裝備和性能 —————————————— 93

第6章
改型、使用和部署 ————————— 101

第7章
波音公司 CH-47「支奴干」————— 113

第**8**章

波音 - 威托爾公司 H-46「海騎士」——— 133

第**9**章

西科爾斯基公司 CH-53「海上種馬」———145

第 *1* 章
傾轉旋翼機

2004 年，美國海軍陸戰隊直升機訓練中隊 HMM-204 中隊重組為 VMMT-204 中隊，成為第一個駕駛貝爾／波音 V-22「魚鷹」戰機的中隊。

MV-22 傾轉旋翼機可以運送 24 名全副武裝的海軍陸戰隊士兵，以每小時 700 千米的速度飛行 360 千米（由戰艦上垂直起飛，然後水平飛行、降落，最後返回戰艦）。美海軍陸戰隊正在用 MV-22 替換 CH-46 型直升機。CH-46 直升機只可以運載 12 名士兵，以 350 千米每小時的速度飛行 135 千米。MV-22 傾轉旋翼機可以外掛懸載重達 10000 磅貨物，投送距離可達 135 千米；而 CH-46 型直升機不僅只能攜帶 3000 磅貨物，而且投送距離也遠不及 MV-22，只有 90 千米。

「魚鷹」看上去像一架直升機，但是它的外觀很具有迷惑性。V-22 被稱作傾轉旋翼機，V-22 可以像直升機一樣垂直起飛，但是一旦升空，旋翼傾轉成與地平面平行，像固定翼飛機一樣進行飛行。

下圖：MV-22B「魚鷹」直升機從兩棲攻擊艦上起飛。（圖片來源：PORTICO）

本面圖：2009 年 11 月，一架隸屬於美國海軍陸戰隊第 22 海軍陸戰隊遠征隊第 263 中型傾斜旋翼中隊（加強中隊）的 MV-22B「魚鷹」直升機從美國「巴丹」號兩棲攻擊艦（LHD 5）上起飛，前往「稜堡」軍營。在那裡該直升機將被轉移到 VMM-261 以支持第二海軍陸戰隊遠征旅的作戰行動。這是傾斜旋翼直升機首次被用於阿富汗戰場。（圖片來源：PORTICO）

上圖：巴基斯坦雅各布阿巴德空軍基地，來自美國「巴丹」號兩棲艦（LHD 5）的海軍陸戰隊員攜帶裝備從一架 CH-46E「海騎士」直升飛中走出，準備前往「犀牛」前線作戰基地。（圖片來源：PORTICO）

下圖：MV-22B「魚鷹」直升機機身有超過 43% 為複合材料製造，包括旋翼。為減少被運載時所需空間，整主翼可以轉動 90°，變成與機身平行，三葉旋翼也能轉動重疊在一起。（圖片來源：PORTICO）

上圖：美國第 26 海軍陸戰隊遠征隊（具有特種作戰能力）的隊員乘坐海軍陸戰隊第 365 海上直升機中隊的 CH-46E「海騎士」直升機前往「犀牛」前線作戰基地。（圖片來源：PORTICO）

上兩圖：MV-22B「魚鷹」直升機兩台引擎以轉軸及齒輪箱連動，即使其中一個失去動力，另一個也能讓整架飛機繼續飛行。（圖片來源：PORTICO）

上圖：出於安全的考慮，「魚鷹」直升機的飛行試驗於 2000 年 12 月中止，但於 2002 年 5 月 29 日重新開始。圖中展示的是美國海軍陸戰隊的一架試驗直升機。（圖片來源：PORTICO）

傾轉旋翼機是在類似固定翼飛機機翼的兩翼尖處，各裝一套可在水平位置與垂直位置之間轉動的旋翼傾轉系統，當飛機垂直起飛和著陸時，旋翼軸垂直於地面，呈橫列式直升機飛行狀態，並可在空中懸停、前後飛行和側飛；在傾轉旋翼機起飛達到一定速度後，旋翼軸則可向前傾轉 90°角，呈水平狀態，旋翼當做拉力螺旋槳使用，此時傾轉旋翼機能像固定翼飛機那樣以較高的速度作遠程飛行。

傾轉旋翼機是一種性能獨特的旋翼飛行器，由於採用了新的方法來設計直升機的旋翼和總體佈局，設計思想突破了傳統直升機的範疇，完全採用新的原理來設計旋翼構型，大大突破和跨越了直升機技術，為直升機行業帶來革命性的發展，這也使得美國海軍陸戰隊重新定義兩棲作戰的定義有了較為充分的兵器技術支持。

傾轉旋翼機是上世紀 90 年代直升機界最令人矚目的飛行器，正逐漸成為 21 世紀美國海軍、海軍陸戰隊和空軍的主要裝備。1991 年，「魚鷹」傾轉旋翼機還獲得了美國國家航空協會頒發的「重大航空進步獎」。

上圖：傾轉旋翼機能完成直升機所能完成的一切任務，具有速度快、航程遠、有效載荷較大等優點。（圖片來源：PORTICO）

上兩圖：傾轉旋翼機融合了直升機與固定翼飛機的優點，在高技術戰爭中發揮巨大的作用。（圖片來源：PORTICO）

上圖：處於工程研製階段的 MV-22「魚鷹」直升機在攻擊艦上進行艦載試驗。（圖片來源：PORTICO）

上圖：1999年年初的某個時候，這架編號為10的處於工程研製階段的MV-22「魚鷹」直升機，正在美國海軍攻擊艦「塞班」號上進行艦載試驗。（圖片來源：PORTICO）

本圖：MV-22「魚鷹」直升機。（圖片來源：PORTICO）

上圖：美國海軍陸戰隊有一個專門的術語，叫「垂直登陸」。意思是，在登陸戰中繞過岸防部隊，在敵人有能力作出反應之前，迅速從空中將部隊投送到敵人後方。運送海軍陸戰隊速度最快的就是具有革命意義的 V-22「魚鷹」，這種飛機像普通飛機那樣飛行，起降卻與直升機相似。（圖片來源：PORTICO）

　　儘管由於傾轉旋翼機在研製過程中不斷出現重大事故，還有研製週期長達幾十年、付出了巨額的研製費、技術非常複雜、研製難度很大並因此引起人們極大的爭議等各種困擾，但是傾轉旋翼機集直升機能垂直起降和渦輪螺旋槳飛機能高速飛行的優點於一身，使其比海軍和海軍陸戰隊現役的大部分服役超過 40 年，飛行時間已達 9500 小時的 CH-46「海上騎士」直升機有更快的速度和更遠的航程等重大優勢，所以，美國海軍和海軍陸戰隊急需升級換代，因而「魚鷹」於 2007 年開始在美國海軍陸戰隊服役，取代 CH-46 直升機作救援及作戰任務，到 2009 年，美國空軍也開始配備。

下圖：西科斯基公司的 H-53 存在的理由是為海軍陸戰隊提供艦上與岸上之間的快速運輸。儘管 H-53 對於運送隊員很在行，但它還是被改裝為運輸海軍陸戰隊在海陸兩棲突襲中用到的重型的設備。(圖片來源：PORTICO)

上圖：V-22「魚鷹」原型機正轉向水平飛行。這種獨一無二的能力將使美國海軍陸戰隊兩棲進攻的速度得到革命性的提高。（圖片來源：PORTICO）

上圖：實踐表明，只要甲板足夠大，給飛機兩側的旋翼留有足夠的空間，就能起飛「魚鷹」。（圖片來源：PORTICO）

右圖：「魚鷹」佔據很大的空間，而即使對於最大的航空母艦來說，空間也是十分寶貴的。為了不佔用更大的空間，飛機的旋翼和機翼可分別折疊並旋轉收入機身內。（圖片來源：PORTICO）

下圖：一架「魚鷹」正降落在一艘「黃蜂」級攻擊艦上，可以清楚地看到飛機水平旋翼的寬度很大。（圖片來源：PORTICO）

右圖：當裝卸貨物時，
V-22 的旋翼像直升機一
樣豎立起來，使其可以垂
直降落。（圖片來源：
PORTICO）

上圖：第二架「魚鷹」驗證機在測試飛行中進行空
中加油。當 V-22 最終進入部隊服役的時候，它的
傾轉旋翼系統將徹底顛覆空降運輸機的概念。（圖
片來源：PORTICO）

左圖：「魚鷹」裝有現代的「玻璃」座艙，通過多
功能控制系統和計算機視頻顯示器操縱。（圖片來
源：PORTICO）

上圖：在演習中，美軍士兵登上「魚鷹」直升機。（圖片來源：PORTICO）

下圖：「魚鷹」直升機在「黃蜂」號兩棲攻擊艦上降落。（圖片來源：PORTICO）

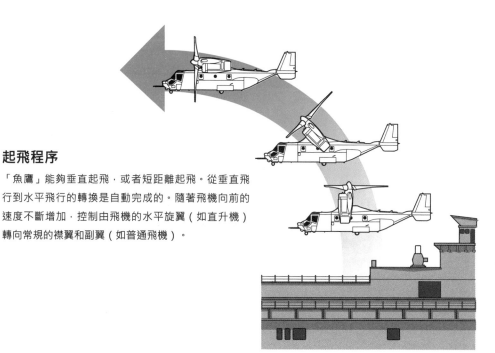

起飛程序

「魚鷹」能夠垂直起飛，或者短距離起飛。從垂直飛
行到水平飛行的轉換是自動完成的。隨著飛機向前的
速度不斷增加，控制由飛機的水平旋翼（如直升機）
轉向常規的襟翼和副翼（如普通飛機）。

負載效能

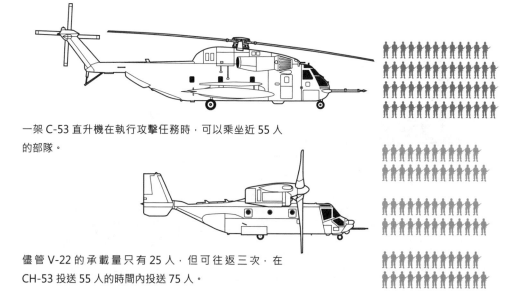

一架 C-53 直升機在執行攻擊任務時，可以乘坐近 55 人
的部隊。

儘管 V-22 的承載量只有 25 人，但可往返三次，在
CH-53 投送 55 人的時間內投送 75 人。

本頁圖：「魚鷹」在起飛之後，推進裝置可轉到水平位置產生向前的推力，像固定翼螺旋槳飛機一樣依靠機翼產生升力飛行。這時以主翼後緣的兩對副翼可保證飛機的橫向操縱，鉸接在端板式垂直尾翼上的方向舵和水平尾翼上的升降舵可以依靠舵機改變飛行方向和飛行高度。（圖片來源：PORTICO）

第2章
研發背景和過程，
測試和發展

第二次世界大戰的戰役過程和戰場態勢對於在戰爭中和戰爭後的武器裝備研製具有重大的啟發意義和推動作用。在歐洲的規模巨大的諾曼底登陸戰役，在太平洋戰場艱苦異常慘烈無比的奪島戰役，使得世界各國尤其是美國重新定義了兩棲作戰的原則，這對新一代登陸用武器裝備研發方向帶來了極大的變革。從此，美國海軍和海軍陸戰隊的部分基本武器裝備，從兩棲攻擊艦，到各型艦載機都是以由海向陸攻擊這樣的中心主線展開的。

V-22「魚鷹」的研發背景就是在這種情況下出現的。

上圖：「魚鷹」的先行者貝爾公司的 XV-15 曾經代表了長期試驗垂直起降飛機的巔峰，是 V-22 的直系先驅。（圖片來源：PORTICO）

下兩圖：最早研發的傾轉旋翼機的是納粹德國，在 1944 年德國開發了傾轉旋翼機，它比美國首飛的 V-22「魚鷹」早了將近 45 年。（圖片來源：PORTICO）

右圖：當 V-22 推進裝置垂直向上，產生升力，便可像直升機垂直起飛、降落或懸停，其操縱系統可改變旋翼上升力的大小和旋翼升力傾斜的方向，以使飛機保持或改變飛行狀態。(圖片來源：PORTICO)

下圖：MV-22B「魚鷹」直升機從美國「巴丹」號兩棲攻擊艦（LHD 5）上起飛，前往阿富汗戰場。(圖片來源：PORTICO)

本頁圖：「魚鷹」的先行者 XV-15 試驗垂直起降。（圖片來源：PORTICO）

本頁圖:「魚鷹」的先行者 XV-15 試驗垂直起降。在長達半個多世紀漫長曲折的研發過程中,各個廠商開發研究出多種原始型傾轉旋翼機,有 XV-3、X-22A、XC-124A、 CL-84、「伏托爾」76 等幾十種不同的型號,但多數失敗。最終只有美國貝爾直升機公司成功地研製出了 XV-3 和 XV-15,並在 XV-15 的基礎上成功地研製出軍用型「魚鷹」及民用型 BA609 傾轉旋翼機。(圖片來源:PORTICO)

下圖：MV-22B「魚鷹」直升機的右旋翼。（圖片來源：PORTICO）

上圖：傾轉旋翼機能完成直升機所能完成的一切任務，由於其速度快、航程遠、有效載荷較大等優點，因此它特別適合執行兵員／裝備突擊運輸、戰鬥搜索和救援、特種作戰、後勤支援、醫療後撤、反潛等方面的任務。（圖片來源：PORTICO）

　　20世紀40年代末期，貝爾直升機公司開始對傾轉旋翼機技術進行研究。

　　1951年，貝爾直升機公司開始研製 XV-3傾轉旋翼機。據稱，這項研究有著軍方的支持。

　　1955年8月第一架XV-3傾轉旋翼試驗機以直升機模式進行了首次垂直起降飛行試驗，發現旋翼系統氣動彈性不穩定，因而貝爾公司的研製工程師們將XV-3的3片槳葉鉸接式旋翼系統改為2片槳葉半剛性旋翼系統以改進氣動指標。

　　1958年12月12日，XV-3的第二架原型機在美國愛得華茲空軍基地試飛。同月18日，該機成功地完成了兩副旋翼傾轉90°的飛行試驗，整個傾轉過程只需10秒鐘。這意味著傾轉旋翼機技術取得了重大的進展。XV-3以固定翼飛機的模式飛行的最大速度為213千米／小時。小角度俯衝速度為287千米／小時。但XV-3沒有完全解決好氣動彈性不穩定性的技術問題。此後，這方面的研製工作時進時停，陸陸續續竟然拖延了數年之久。

　　1965年XV-3的第二架原型機在風洞實試中，旋翼與機身脫離，　XV-3試

本圖：MV-22B「魚鷹」直升機。（圖片來源：PORTICO）

上圖：MV-22 的問世已使美國海軍陸戰隊重新定義兩棲作戰的法則。MV-22 是美國海軍的主要裝備。（圖片來源：PORTICO）

驗正式結束。

但是，XV-3 傾轉旋翼機的飛行試驗的初步成功，引起美國航空航天局和軍方的關注。此後又過去幾年時間，到 1973 年，貝爾直升機公司終於獲得美國航空航天局和陸軍的一項開展全新的、以渦輪發動機驅動的傾轉旋翼機研製合同，原型機被命名為 XV-15。

1977 年 5 月，貝爾直升機公司生產的 XV-15 第一架原型機在完成首次懸停試驗並經過 3 小時的飛行測試之後，被轉入風洞進行進一步的測試，

風洞測試是以遙控的方式來試驗原型機在各種不同的飛行模式下的動力平衡。

1979 年 4 月 23 日 VX-15 第二架原型機進行首次懸停試驗，同年 7 月 24 日完成了旋翼的傾轉試驗。XV-15 原型機在短距起落時的最大起飛重量為 6804 千克，以飛機模式飛行時的水平飛行速度達到 555 千米 / 小時，最大俯衝速度達到 639 千米 / 小時。XV-15 原型機還能以 74 千米 / 小時的速度後退飛行。

1981 年，第一架 XV-15 原型機在法國巴黎布呂歇航展中心參加巴黎航展，VX-15 代表的是貝爾直升機公司和美國陸軍。航展上，XV-15 進行了飛行表演，這給各方面的專家和參觀者留下了很深的印象。這次參展也是促成貝爾直升機公司發展 V-22「魚鷹」傾轉旋翼機的因素之一。

上圖：一架 MV-22B「魚鷹」直升機將要降落到兩棲攻擊艦上。（圖片來源：PORTICO）

下圖：MV-22 直升機。（圖片來源：PORTICO）

本頁圖：XV-3 傾轉旋翼機的飛行試驗機。（圖片來源：PORTICO）

1981 年年底，美國政府有關部門認為 XV-15 的展出和測試表現很有價值，於是提出「多軍種先進垂直起降飛機」（JVX）計劃，要求在 XV-15 的基礎上研製三軍共用的傾轉旋翼機。

1982 年這項計劃由美國陸軍負責，1983 年 1 月後該計劃轉交給了美國海軍。

與此同時，XV-15 的兩架原型機斷斷續續進行了各種飛行和地面試驗，直至 1992 年第一架原型機失事。1994 年美國國家航空航天局把進行各種測

上圖：MV-22B「魚鷹」直升機的右旋翼。（圖片來源：PORTICO）

試用的第二架原型機交還給貝爾直升機公司，並被貝爾公司改用作民用傾轉旋翼機的試驗機。

XV-15 傾轉旋翼研究機便由此成為 V 一 22「魚鷹」飛機的雛形。

V 一 22「魚鷹」傾轉旋翼機由貝爾直升機公司和波音公司按照美國空軍、海軍、陸軍和海軍陸戰隊四大軍種的作戰使用要求設計研製。

　　1983 年美國國防部批准了貝爾直升機公司和波音公司的設計方案。

　　1983 年 4 月 26 日，貝爾直升機公司和波音公司與美國海軍航空系統司令部簽訂了一項為期 24 個月的合同，對 V-22 進行初步設計。

　　1985 年 1 月正式將這種傾轉旋翼機命名為 V-22「魚鷹」。按照美國軍方試驗機的慣例，正試服役之前的飛機稱為 XV-22。

本頁圖：MV-22B「魚鷹」傾轉旋翼機。（圖片來源：PORTICO）

本頁圖：1973 年 6 月貝爾公司設計出的兩架 XV—15 傾轉旋翼機。1977 年 5 月第一架 XV—15 作了首次自由懸停飛行，1979 年第二架 XV—15 以直升機飛行方式首次飛行，1979 年 7 月進行了從直升機飛行方式完全轉換成固定翼機飛行方式的首次飛行。（圖片來源：PORTICO）

V-22 的螺旋槳旋翼直徑 11.58 米（38 英尺）。旋翼十分堅固，可承受作戰損傷，需要時僅一個旋翼就能單獨提供使飛機停留在空中所需要的升力。

「魚鷹」由一名飛行員和一名副手駕駛。使用電子電傳系統控制飛機。

試驗型飛機往往安裝有靈敏的飛行測試設備，測量飛機各方面的性能。

「魚鷹」的發動機功率很大。

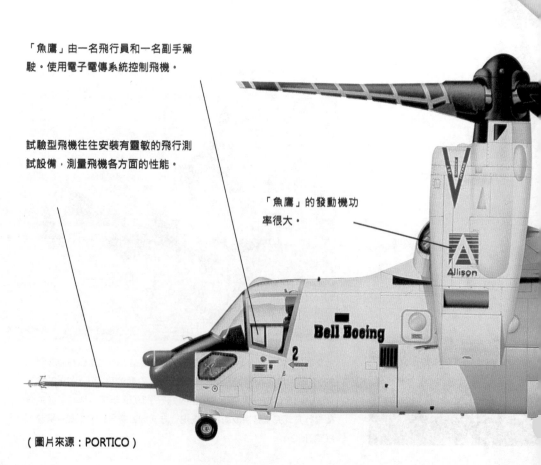

（圖片來源：PORTICO）

機翼安裝於樞軸上。機翼可向前向後轉動,加之旋翼可折疊,這使「魚鷹」佔據的空間與一架大型直升機差不多。

「魚鷹」的雙尾翼位置很高,處於尾樑之上,其目的是為了給後部艙門和裝卸坡留出空間。

大型槳板螺旋推進器是直升機型長旋翼和較小的普通飛機型螺旋槳之間的折中選擇。

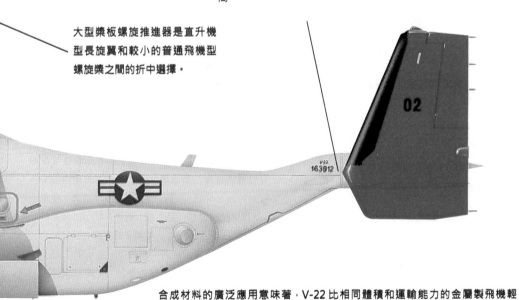

合成材料的廣泛應用意味著,V-22比相同體積和運輸能力的金屬製飛機輕25%。

　　1986 年 5 月 2 日，美國海軍航空系統司令部又與貝爾和波音公司簽訂了總價值達 37.14 億美元的研製合同。XV-22 傾轉旋翼機將製造 10 架原型機：6 架試飛原型機，以及用於靜力試驗、地面試驗和疲勞試驗的 4 架地面試驗機。這個合同是「魚鷹」為期 7 年的全尺寸研製（FSD）總合同的第一期合同。

上圖及右圖：V-22 傾轉旋翼機因既有旋翼又有機翼，並且要實現旋翼從垂直位置向水平位置或水平位置向垂直位置傾轉，因此在旋翼傾轉過程中氣動特性的確定；旋翼／機翼、旋翼／旋翼、旋翼／機體之間的氣動干擾問題；結構設計；旋翼在傾轉過程中的動力學分析、旋翼／機翼耦合動載荷和穩定性問題；操縱控制技術及操縱系統動力學設計等方面都遇到了許多技術難題。（圖片來源：PORTICO）

上兩圖：V-22 傾轉旋翼機的局部照片。（圖片來源：PORTICO）

上圖：V-22 傾轉旋翼機正要降落。（圖片來源：PORTICO）

　　1989 年 3 月 19 日，XV-22 「魚鷹」完成首次試飛，同年 9 月 14 日完成首次由直升機狀態向固定翼機狀態過渡的飛行轉換。1990 年 4 月美國軍方開始對 XV-22 「魚鷹」進行測驗，其中包括三軍試飛員 15 個小時的飛行試驗。

　　1990 年 12 月 4-7 日，XV-22 「魚鷹」在美國海軍「大黃蜂」號航空母艦上進行了海上試飛，其中包括 3 號機的起飛和著艦試飛，以及 4 號機的設備和功能試飛。

對頁圖及本頁圖：2000 年美國海軍陸戰隊對 MV-22「魚鷹」傾轉旋翼機進行了一系列的測試。美國海軍陸戰隊獨立測試小組對海軍型 MV-22 進行了廣泛的測試，測試地點包括艦船、機場、野外地點、受限區域以及測試站。（圖片來源：PORTICO）

著陸比較

海上攻擊：使用「魚鷹」和氣墊登陸艇能夠在敵方防禦區域以外的安全地帶實施兩棲攻擊，並且比直升機和登陸艦更迅速地實施登陸。

敵方威脅：絕大多數現代火炮的射程在 17～30 千米（10～20 英里）之間，對這一局域內的艦艇構成威脅。

V-22「魚鷹」

大型攻擊艦艇

氣墊登陸船

攻擊艦艇離岸 5 千米

下圖：V-22「魚鷹」與 CH-53 在戰爭中的性能對
比。（圖片來源：PORTICO）

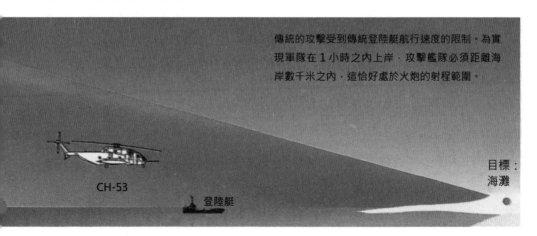

傳統的攻擊受到傳統登陸艇航行速度的限制。為實
現軍隊在 1 小時之內上岸，攻擊艦隊必須距離海
岸數千米之內，這恰好處於火炮的射程範圍。

CH-53

登陸艇

目標：
海灘

　　1990 年年底，XV-22 「魚鷹」已經完成起飛、著陸、轉換方式試飛、機翼失速試飛、單發試飛以及飛行速度為 647 千米／小時的試飛。

　　1990 年 XV-22 「魚鷹」獲得美國國家航空協會頒發的「航空重大進步獎」。1992 年 7 月 XV-22 「魚鷹」已經總計飛行 643 個起落，飛行時長達 763 小時，但是，4 號機在試飛中發動機艙起火後墜毀，這直接導致臨時停飛。

　　技術難度高。傾轉旋翼機因既有旋翼又有機翼，並且要實現旋翼從垂直位置向水平位置或水平位置向垂直位置傾轉，因此在旋翼傾轉過程中氣動特性的確定，旋翼／機翼、旋翼／旋翼、旋翼／機體之間的氣動干擾問題，結構設計，旋翼在傾轉過程中的動力學分析、旋翼／機翼耦合動載荷和穩定性問題，操縱控制技術及操縱系統動力學設計等方面都遇到了許多技術難題。

對頁圖及本頁圖:波音公司革命性的 V-22「魚鷹」傾轉旋翼機將旋翼和固定翼飛行的優勢整合到一起。傳統的直升機適合在許多條件下執行任務,卻缺乏傳統的固定翼飛機的速度和航程,而垂直起降(VTOL)固定翼飛機「鷂」的製造和維護成本又很高。V-22「魚鷹」的出現解決了這個問題。其利用直升機起飛時垂直上升的優勢,加上固定翼飛機的速度和航程,V-22「魚鷹」將取代中型運輸直升機,執行美國武裝部隊的所有任務。任何新生事物都存在著不可避免的問題和瑕疵,但「魚鷹」逐漸開始裝備部隊,並證明自己的高效率。工作時,它將螺旋槳推進器旋轉到垂直位置以便起飛,隨後將它們旋轉到水平位置再正常飛行。在著陸時又可以將推進器旋轉到垂直位置。這使它能夠從船隻的甲板、狹窄的區域或受戰火侵襲並遭到破壞的跑道上起降。(圖片來源:PORTICO)

本頁圖:「魚鷹」像常規的固定翼飛機進行平飛,比大部分直升機有更快的速度。(圖片來源:PORTICO)

美國海軍陸戰隊自從 1999 年開始對海軍陸戰隊的 MV- 22 進行使用鑒定，獨立的測試小組對 MV-22 進行了各種範圍的測試，使用地域測試包括在艦船、機場、野外、受限制的區域以及專用的飛機測試場。測試小組在這些地域對 MV-22 進行了部署、著陸、艦上作業、兩棲攻擊、掠海飛行、夜間飛行、低空飛行、吊掛飛行、與 KC-130 加油機進行空中加油、人員和貨物的空中運輸、登陸等所有海軍陸戰隊作戰行動有關的一系列測試，用以評估 MV-22 的作戰能力。

上圖：「魚鷹」的後視圖。（圖片來源：PORTICO）

到了 2000 年，經過了 8 個多月總共計有 522 個架次、804 個飛行小時的使用鑒定試驗之後，測試小組發現 MV-22 的槳葉折疊系統有重大缺陷。槳葉折疊，進而運抵作戰區域參戰是 MV-22 在遂行作戰任務時搭載在兩棲攻擊艦或航空母艦上所必須的。測試小組還發現 MV-22 的可靠性、易維護性、可用性和互用性等各方面仍然存在某些問題。

上圖和下圖：飛行中的 V-22「魚鷹」。（圖片來源：PORTICO）

上圖和下圖：飛行中的 V-22「魚鷹」。（圖片來源：PORTICO）

一系列的測試完成以後，海軍陸戰隊的測試小組最後得出結論，測試結果表明了 MV-22 傾轉旋翼機暫時不符合海軍陸戰隊的作戰使用要求。

測試報告詳細說明了測試的經過和結論，報告認為，MV-22 達到了重大故障時間間隔的要求，但是該機在所有故障平均間隔時間上（MTBF）只能滿足要求的 50%。因而海軍陸戰隊要求就已發現的 MV-22「魚鷹」傾轉旋翼機的 149 處缺陷進行改進。

下圖及對頁圖：貝爾直升機特事隆公司和波音威托爾飛機公司開始合作，為「聯合勤務先進直升機項目」開發一種體積更大的 XV-15 型偏轉翼直升機。V-22「魚鷹」直升機綜合了直升機的垂直提升能力和固定翼渦輪螺旋槳飛機的快速巡航能力，它的開發工作於 1985 年全面展開。在最初計劃訂購的 913 架「魚鷹」直升機中，美國海軍陸戰隊和美國陸軍訂購 522 架 MV-22A 攻擊直升機，美國空軍訂購 80 架 CV-22A 型直升機，此外還包括美國海軍訂購的 50 架 HV-22A 型直升機，用來執行戰鬥搜救、特種作戰和艦隊後勤支援任務。美國海軍還打算購買能夠用於反潛作戰的 SV-22A 型直升機。（圖片來源：PORTICO）

在這些缺陷進行了改進後，再一輪的測試表明，MV-22「魚鷹」傾轉旋翼機可以滿足海軍陸戰隊作戰要求的各種重要的性能指標，有些指標超過了要求。

MV-22「魚鷹」傾轉旋翼機在測試中的巡航速度達到了 478 千米 / 小時，比要求的高 33 千米 / 小時；海上部隊遠程投送運輸的作戰距離範圍半徑幾乎比要求的增加了一倍，並可以攜帶 770 千克的外掛。MV-22「魚鷹」傾轉旋翼機還可以在 8 小時內實現 3890 千米外的海軍陸戰隊作戰部署，比要求的 12 小時大大縮短。

上圖及對頁圖：美國海軍陸戰隊於 2000 年開始，訓練 V-22 的飛行員，並在 2007 年派出，將用於補充且最後將取代 CH-46 海上騎士。美國空軍在 2009 年開始引進 V-22。（圖片來源：PORTICO）

但是到了 2000 年在一系列測試當中， MV-22「魚鷹」傾轉旋翼機又發生了兩次重大事故，軍方有關部門立即下令停止了 V-22 所有的飛行試驗計劃。造成這兩起災難的原因有液壓系統故障、機電問題和飛行控制軟件缺陷。

對頁圖及上圖：根據新修訂的「魚鷹」直升機發展計劃，美國海軍陸戰隊訂購 360 架 MV-22B 型直升機，美國海軍訂購 48 架 HV-22B 偏轉翼直升機。在此之前，首批「魚鷹」直升機於 1999 年交付，2004 年在美國海軍陸戰隊之中具備作戰能力。（圖片來源：PORTICO）

　　但是「9‧11」恐怖襲擊之後，美軍非常急需一種或多種特種作戰飛機，V-22 項目又被重新提到日程上。海軍、海軍陸戰隊、國防部和生產廠商多次協商並擬訂了新的計劃。

　　此後經過一系列硬件和軟件的改進，提高了 MV-22 安全性和各項性能指標以後，2002 年 5 月 29 日，MV-22「魚鷹」傾轉旋翼機恢復飛行試驗。當天，V-22 完成了 20 次起降，並且在空中連續多次進行了從直升機模式到固定翼飛機模式的轉換飛行。在整個測試過程中一切順利。更多的試驗將根據此次試驗的情況進行安排。隨後，貝爾直升機公司和波音公司得到了開始以低速模式生產 8 架試生產型飛機以用於進一步試驗的軍方採購合同。

　　7 月，美國國會批准了增加 2.78 億美元撥款，用於採購 11 架 V-22 傾轉旋翼機的合同。

　　2002 年 8 月美國國防部負責採辦、技術和後勤的副部長奧爾德裡奇說，海軍陸戰隊的 MV-22 將再獲得一年的時間進行測試，然後五角大樓再根據

測試情況作出裁決。美國國防部計劃如果 V-22 項目失敗，將採用改進 CH-53 或者引進外國直升機的替代方案。

下圖及對頁圖：MV-22B 型傾轉旋翼機的側面照片。（圖片來源：PORTICO）

　　2002 年 9 月初，為了表示國防部對V-22傾轉旋翼機「魚鷹」項目的重視。國防部副部長奧爾德裡奇參觀了 V-22 試飛現場。與此同時，美國海軍陸戰隊和空軍的 V-22 傾轉旋翼機項目的官員們都表示，希望繼續推進的飛行試驗能夠成功，並努力降低生產費用，爭取吸引國際合作夥伴的加入以降低研製和生產風險。

　　稍晚些時候，2002 年 9 月 11 日，「魚鷹」傾轉旋翼機的空軍特種作戰型 CV-22 也在愛德華茲空軍基地也恢復了試飛。

對頁圖及上兩圖:「魚鷹」型號有CV-22A（空軍使用的陸基型運輸直升機）、MV-22B（美國海軍陸戰隊使用）、CV-22B（美國特種作戰司令部使用）、HV-22B（美國海軍使用）、SV-22（美國海軍反潛型）。（圖片來源：PORTICO）

到了 2002 年 12 月，羅爾斯·羅伊斯公司已為 V-22 提供了第 100 台 AE1107C 渦軸發動機。AE1107C 是羅爾斯·羅伊斯公司「共同核心機」發動機系列中的一個成員，該發動機系列還包括 AE2100 渦槳發動機和 AE3007 渦扇發動機。羅爾斯·羅伊斯公司是世界首家在一個相同的發動機核心機上發展出三種截然不同的發動機的渦輪發動機製造商。

2003 年，羅爾斯·羅伊斯公司計劃交付 22 台 AE1107C 發動機，用於 V-22 飛機的低速初始生產。

2003 年 1 月，貝爾直升機公司宣佈，該公司正與波音公司合作研究 V-22 的被稱為「停止 / 折疊槳葉」（stop-fold）的武裝攻擊改型，以及寬體傾轉翼改型，這些改型是為了進一步滿足美國陸軍的作戰需要。

所謂「停止 / 折疊槳葉」技術，是指傾轉旋翼機在飛行過程中，停止使用旋翼並將傾轉旋翼的槳葉折疊起來，同時採用其他推進動力飛行，這樣飛機的飛行速度可以更快，甚至和普通的固定翼飛機一樣快。對此貝爾直升機公司已經做了一些驗證試驗。而所謂寬體傾轉旋翼機改型主要用於運送陸軍作戰用的高機動性多用途輪式戰車等大型裝甲車輛，這種改型的螺旋槳槳盤尺寸更大，效率更高。

下圖：剛剛起飛的一架 V-22A 傾轉旋翼機對外展示。（圖片來源：PORTICO）

本圖：V-22A 傾轉旋翼機對外展示的一角。（圖片來源：PORTICO）

上圖：執行任務的一架V-22。（圖片來源：
PORTICO）

下圖：兩棲攻擊艦上的V-22。（圖片來源：
PORTICO）

與此同時，MV-22 恢復在美國海軍兩棲攻擊艦上進行的艦載飛行試驗。在過去已經進行過的試驗中，發現當飛機在旋翼旋轉的某種狀態下進行甲板上著陸時會有翻轉的危險。

2003 年 4 月，CV-22 進行了多任務雷達低高度地形跟蹤（TF）目標試驗。試驗取得了成功。試驗中 CV-22 下降到離地面大約 200 英尺（61 米）的高度，抗拒住了風力和紊流的影響，機上的多任務雷達所探測到的地面和地形信號經過計算機處理後，向駕駛員發出

上圖：MV-22B。（圖片來源：PORTICO）

地形規避提示信息，使得飛行員可以駕駛飛機在非常靠近地面的情況下較為安全地飛行，即使是在夜間和惡劣的天氣條件下也能保證做到。

2003 年 5 月，美國海軍陸戰隊在 MV-22 項目的項目測試過程中對 MV-22 的油箱進行了重新設計和安裝，拆除飛機原設計中靠後部位的突出油箱，改為在機翼上增加油箱容量，從而解

決了重心偏移的問題，這些改進措施提高了飛機的性能。由於這些改進和某種外形的變化，MV-22飛機的航程增加到超過4260千米。技術人員還開發了一種容量為430加侖的輔助油箱，以增大飛機的航程。

同時，美國空軍試飛中心的吸波實驗室對CV-22的第9號機電子戰設備進行了一系列的測試，測試結果顯示，飛機的天線安裝存在著很大缺陷，因此9號機花了兩年時間進行了多處改裝，包括升級電子和液壓線路，安裝電子戰和對抗熱尋的導彈的裝置。

2003年7月14日，經過新近改

上圖：起飛中的V-22。（圖片來源：PORTICO）

裝和重新設置天線的CV-22第9號機，進行了兩年多以來的首次試飛。9號機飛行了一個多小時，完成了重返飛行的檢查，包括基本飛行性能、空速校準、操縱品質等內容的評估。飛機是在轉換狀態即直升機和飛機間的狀態中完成測試的。

這樣，CV-22傾轉旋翼機的大規模測試項目進入下一階段，將測試航電系統、電子戰和多模式雷達。在2004年夏季，CV-22將改裝成最終生

上圖：試驗中的 V-22。（圖片來源：PORTICO）

產型典型佈局。

　　海軍和海軍陸戰隊方面，到了 2003 年 12 月，MV-22 已經成功完成了大部分的海上試驗，這些試驗證明經過了軟件的多次修改，MV-22 傾轉旋翼機的「甲板側傾」（roll-on-deck）問題已經通過了試驗飛行驗證，獲得了完善的解決。自 MV-22 項目 2002 年 5 月恢復試飛以來，飛機已經完成總共 1000 多飛行小時的試驗。

　　2004 年 8 月 12 日，美國海軍部長對 V-22 給予很高的評價，他表示在未來預算中會考慮 V-22，特別是 MV-22。他認為 V-22 已經解決了 2000 年發生的兩次嚴重事故中所暴露的問題，可以稱之為一種可靠的飛機。

　　自從 V-22 恢復飛行以來，多為軍界和政界高官陸續乘坐該機飛行，以表示飛機的可靠性，並對部署這種新飛機表示支持。

　　隨後，V-22 於 2005 年 1-5 月進行了作戰評估，2005 年 10 月，MV-22「魚鷹」項目被批准進入全速生產階段，並於 2007 年形成初始戰鬥力。

　　美國海軍陸戰隊（USMC）的首支

MV-22 中隊於 2007 財政年度完成了組建，空軍特種作戰司令部的 CV-22 中隊於 2009 財政年度完成組建。

自從進入了美國海軍陸戰隊和美國空軍以後，V-22 已被部署在伊拉克、阿富汗和利比亞用於戰鬥及救援行動。

2011 年 2 月 18 日，海軍陸戰隊指揮官表示，美國海軍陸戰隊部署到阿富汗的 MV-22 飛行累計時間已經超過了 10 萬小時，並指出 MV-22 已成為最安全或接近最安全的飛機。MV-22 在過去 10 年中，每飛行小時的事故發生率大約只有美國海軍陸戰隊飛行機隊平均事故發生率的一半。V-22 已成為海軍陸戰隊中事故發生率最低的旋翼機。

本頁圖及對頁圖：MV-22 機頭及飛行的特寫。（圖片來源：PORTICO）

本圖：MV-22 的旋轉翼的特寫。（圖片來源：PORTICO）

第3章
設計特點

V-22 傾轉旋翼機在機翼兩端各有一個可變向的旋翼推進裝置,使用羅爾斯·羅伊斯 T406 (AE 1107C) 渦輪軸發動機,旋翼由三片槳葉所組成,整個推進裝置可以繞機翼軸在向下方和向前方之間轉動變向,而且可以固定在所需的方向上不動,因此能產生向上的升力或向前的推力。這轉換過程一般會在十幾秒鐘內完成。

當 V-22 推進裝置垂直向上時,便產生向上的升力,可以和直升機一樣地垂直起飛、降落或者懸停,甚至向後倒飛。同時其操縱系統可改變旋翼上升力的大小和旋翼升力傾斜的方向,這樣能夠保持飛機目前的狀態或者改

上圖和下圖:V-22 傾轉旋翼機。(圖片來源:PORTICO)

變飛行的方向,比如向上向前或向後。

在飛機起飛以後,推進裝置便可轉到水平位置產生向前的推力,使得飛機就像固定翼的螺旋槳飛機一樣依靠機翼產生升力同時依靠旋翼的推力向前飛行。這時以同時,由於飛機的

旋翼直徑很大，如果在水平位置時在地面推進就會使旋翼會碰到地面，所以 V-22 不能像飛機一樣在跑道滑行升降。所以，V-22 採用了折中的辦法，即將進裝置會轉至前向 45°角，同時對飛機產生升力和向前的推力，使飛機可以在跑道上滑行起飛，主翼產生的升和旋翼的 45°角度產生的部分升力使得 V-22 飛機在滑行較短距離後便能起飛，同樣的方式也能用於降落。這樣的短距起降方式可以比垂直起降方式節約部分燃油。

上圖：停在攻擊艦上的美國海軍陸戰隊的 MV-22「魚鷹」傾轉旋翼機。（圖片來源：PORTICO）

下圖：C-53 與 MV-22「魚鷹」傾轉旋翼機。（圖片來源：PORTICO）

據稱 V-22 傾轉旋翼機整機結構使用了超過 59% 的複合材料製造。貝爾公司和波音公司大致上 50/50 均分了工作量。貝爾公司負責製造機翼和引擎機艙,波音公司負責製造機身。

為了減少運載時所需要的空間,V-22 傾轉旋翼機的主翼可以轉動 90°,變成與機身平行的狀態,同時三葉旋翼也能轉動並重疊在一地。整個轉動和折疊的過程只要大約 90 秒鐘。

兩台發動機由變速控制器相連,當一台發動機轉速下降到熄火時,另一台發動機便通過變速控制器轉換成帶動兩副螺旋槳的工作狀態;發動

上圖:飛行中的 MV-22。(圖片來源:PORTICO)

機艙內採取增壓措施,能有效地阻止海上潮濕空氣侵蝕;機身下方兩側的主起落架艙較大,起飛後自動封閉,緊急情況下在海上迫降時有一定的浮力,可使飛機不致沉沒。這一系列的優勢遠非傳統的直升機,尤其是美國海軍陸戰隊和其他軍兵種正在使用的已近 40 年的重型直升機所能比。所以美國各軍種急於讓 V-22 傾轉旋翼機「魚鷹」進入服役是不難理解的。

傾轉旋翼就是將直升機和固定翼飛機的特點和長處集於一體,實現了二者的完美結合。其結構可

任意變換固定翼和旋翼的兩種形態，航速是直升機的 2 倍多，各種指標是任何直升機無法比擬的。飛機上有 3 套駕駛操縱系統，飛機轉換形態時，駕駛系統也自動轉換。在大部分 V-22 的作戰任務中，大約超過 70% 時間會要求飛機以固定翼飛機的模式飛行，而固定翼飛機的飛行模式有著比直升機更高的飛行高度和更遠的航程、更快的飛行速度。

在成功研製了 V-22「魚鷹」傾轉旋翼機之後，貝爾直升機公司和波音公司正計劃研製未來的傾轉旋翼機 V-44。這種由「魚鷹」傾轉旋翼機衍變而來的新型飛機具有 4 個旋翼，在每個機翼的翼尖裝有一個可以傾轉的發動機。整架旋翼機的尺寸與一架加長型 C-130 飛機相當，可運載 80 ～ 100 名全副武裝的海軍陸戰隊士兵或者 20 噸的貨物，載重量是 V-22 的 2 倍，內部體積是 V-22 的 8 倍。和 V-22「魚鷹」一樣，V-44 傾轉旋翼機可以垂直起落，不需跑道和機場，航程在 1609 ～ 3218 千米之間，速度超過 483 千米 / 小時，可以作為軍用和民用運輸機，還可以像 C-130 一樣改裝成攜帶各種重型武器的武裝空中炮艦。

下圖：飛行中的 MV-22。（圖片來源：PORTICO）

上圖和下圖：收起狀態的 MV-22，主翼轉 90 度。（圖片來源：PORTICO）

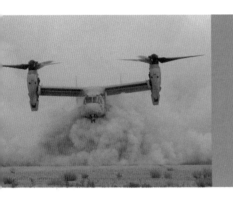

第4章
優勢和弱點

傾轉旋翼機比常規的直升機有很多的性能優勢：

本圖：飛行中的 MV-22。（圖片來源：PORTICO）

一是速度要比普通的直升機快很多

　　一般的直升機最大飛行速度很難超過 360 千米 / 小時，一般的巡航速度也只能在 300 千米 / 小時左右，而 V-22 傾轉旋翼機的巡航速度為 509 千米 / 小時，最大速度可達 650 千米 / 小時。

二是噪聲比普通的直升機要小很多

　　傾轉旋翼機在巡航時一般以固定翼飛機的方式飛行，因此噪聲比直升機小得多，並且在 150 米高度懸停時，其噪聲只有 80 分貝。

三是比普通直升機航程要遠很多

　　V-22 的航程大於 1850 千米，如果再外掛兩個副油箱，最遠航程可以達到 3890 千米。如果進行空中加油，V-22 傾轉旋翼機能夠具有從美國本土直飛歐洲的能力，相對而言，普通的直升機的航程基本上不超過 1000 千米。

四是比普通直升機載重量要大很多

　　V-22 的機艙可以運載 24 名全副武裝的海軍陸戰隊士兵或者 12 副擔架或 15000 磅物資。

上圖和下圖:飛行中的 MV-22。(圖片來源:PORTICO)

上圖及對頁圖：V-22「魚鷹」顛覆了傳統觀念的超級飛機，它的速度比最快的直升機更快，能夠把部隊和補給送到敵人的防線後方陸軍難以到達的地帶。（圖片來源：PORTICO）

五是油耗低於普通直升機

傾轉旋翼機在巡航飛行時，因機翼可產生升力，旋翼轉速較低，所以耗油率比普通直升機低。

六是運輸成本低於普通直升機

綜合考慮傾轉旋翼機耗油量少、速度快、航程遠、載重大等優點，其運輸的成本僅為直升機的一半。

七是座艙振動小

傾轉旋翼機的旋翼佈局在遠離機身的機翼尖端，並且旋翼直徑要小於直升機，因此其座艙的振動水平比一般的直升機低得多。

傾轉旋翼機與一般直升機相比有許多優勢，但也有很多弱點。

對頁及本頁圖：1985 年 1 月這種飛機被正式命名為 V-22「魚鷹」。V-22 具備革命性的垂直起降空運能力：運送 180 名陸戰隊士兵到 112 千米外的地方，12 架 CH-46 需用 135 分鐘，而 " 魚鷹 " 只要 8 架飛機和 17 分鐘。（圖片來源：PORTICO）

上圖：V-22「魚鷹」。（圖片來源：PORTICO）

下圖：對外展示的 V-22「魚鷹」。（圖片來源：PORTICO）

一是技術難度高

　　傾轉旋翼機有兩架旋翼，同時還有固定翼飛機的機翼，要實現旋翼從垂直位置向水平位置的傾轉，或者從水平位置向垂直位置的傾轉，就要在旋翼傾轉的過程中確定飛機的氣動特性，而且旋翼和機翼、旋翼和旋翼、旋翼和機體之間的氣動也互有干擾。

　　在結構設計上，旋翼在傾轉過程中的動力學分析，旋翼和機翼耦合動載荷和穩定性問題，操縱控制技術及操縱系統動力學設計等等各方面都會有很多技術上的難題。可以說傾轉旋翼機在技術上還遠遠不夠成熟。

上圖：對外展示的 V-22「魚鷹」。（圖片來源：PORTICO）

下圖：V-22「魚鷹」的內部。（圖片來源：PORTICO）

二是研製週期長

從 20 世紀 40 年代起，貝爾直升機公司就開始進行傾轉旋翼機的研究，經過了幾十年的研製和發展，傾轉旋翼機的技術仍不成熟。「魚鷹」傾轉旋翼機仍然存在很多大大小小的技術難點，還沒有完全真正形成戰鬥力或者投放到民用市場上去。傾轉旋翼機的技術研究和型號研製的週期已經比任何一款現有的戰機所花的時間都長了很多。

三是研製費用高

傾轉旋翼機是高新技術產品，技術複雜、難度高，驗證各項技術也同樣需要很高的費用，這導致研製費用和單機成本都高到驚人的程度。「魚鷹」傾轉旋翼機的總的研製費用高達 380

上圖和左圖：對外展示的 V-22「魚鷹」。（圖片來源：PORTICO）

是十分有必要的。但在直升機工作方式下的垂直起降和懸停狀態時，這種為了產生拉力和推力的大扭轉角螺旋槳旋翼，工作效率就會大大降低，就是說發動機傳輸的可用功率有很大一部分都被白白損耗了。

億美元，海軍和海軍陸戰隊的 MV-22 單機價格高達 4400 萬美元。而且到真正部署時還會增高很多。相對於普通的重型直升機而言，簡直就是天價。

四是旋翼效率低

與直升機旋翼相比，螺旋槳旋翼的扭轉角比較大，這對於確保槳葉根部能夠在前飛狀態下產生較大的拉力

五是氣動特徵非常複雜

在直升機前飛速度很低且下降速度較大時，它就會陷入到自身的下旋氣流當中，此時極易導致渦環狀態的發生。在渦環狀態下，空氣會繞著旋翼槳葉的葉尖呈環形流動，形成類似於炸麵包圈的渦流。渦流內部的空氣壓力下降，就會導致旋翼損失一部分升力。

上圖：在惡劣的環境下起飛的 V-22「魚鷹」。（圖片來源：PORTICO）

　　如果此時飛行員試圖通過加大油門、增大槳葉工作迎角的方法來彌補因渦流而損失的那部分升力，那麼渦環運動將會加速，導致旋翼損失更多的升力，情況就變得更加糟糕。

　　由於 MV-22 飛機的機體重量大，導致由發動機輸出的可用於機動飛行的剩餘功率減少。另外，MV-22 飛機上的兩副螺旋槳旋翼採用的是較為獨特的橫列式佈置方式，一旦在飛行過程中出現一側旋翼進入渦環狀態，而另一側則正常工作的情況，就會導致左右兩側的升力失衡，飛機就會向著受到渦環影響的一側旋翼方向滾轉。

上圖：V-22「魚鷹」的內部。（圖片來源：PORTICO）

六是可靠性及安全性低

　　可靠性的高低直接影響著安全性的好壞。迄今為止，兩架 V-22 飛機的墜毀事故都可能是源於發動機艙內液壓系統的洩漏。機上液壓系統，尤其是發動機艙內與飛行控制系統相關部分的可靠性低的問題，對 V-22 飛機的安全飛行構成了極大威脅。

　　可靠性和維修性之所以不甚理想，除了與維護人員的技術水平、熟練程度等因素相關之外，更重要的還源自於飛機設計上的欠缺。就在 2000 年發生兩起墜機事故之後，事故調查人員就已經充分地認識到了這一問題的嚴重性，要求貝爾和波音公司對發動機艙進行重新設計。

上圖：對外展示的 V-22「魚鷹」。（圖片來源：PORTICO）

第5章
裝備和性能

V-22 機組由三人組成，採用三余度電傳操縱系統，增加了飛機的使用靠性。機體結構中有 59% 為複合材料製造。海軍陸戰隊的 MV-22 主要是以航空母艦、兩棲攻擊艦等大型艦隻為基地，為減少飛機在甲板上和機庫裡的佔用空間，MV-22 機翼採用了旋轉式收納設計，在機庫和甲板平台上可將機翼旋轉成與機身平行的狀態，而長長大大的槳葉也設計為可折疊式。

V-22「魚鷹」安裝了工作頻段為 962～1213 兆赫的塔康導航系統，共

上圖：空中接受加油的 V-22「魚鷹」。（圖片來源：PORTICO）

有 252 個波道。利用該導航系統可以保障飛機沿預定航線飛行、機群的空中集結和會合以及在複雜氣象條件下引導飛機歸航和進場著陸。塔康導航系統由美國於 20 世紀 50 年代率先裝備使用，現已成為北約標準軍用導航系統。

V-22「魚鷹」安裝了 AN/APQ-174 地形跟蹤多功能雷達，還安裝有五台多功能顯示器，其中第五台顯示器專

上圖：折疊後的 V-22「魚鷹」。（圖片來源：
PORTICO）

下圖：常規飛行中的 V-22「魚鷹」。（圖片來源：
PORTICO）

門用於顯示地形圖。機載設備可以確保 V-22 之間及飛機與基地和 E-3A 空中預警指揮機之間的聯絡。

　　海軍陸戰隊 MV-22 上安裝了飛行員夜視鏡，以提高夜戰能力。空軍和海軍使用的 V-22 改進型上安裝了 AN/AAQ-16 前視紅外搜索雷達。各型機均安裝了甚高頻和特高頻話音保密通信裝置、敵我識別器、AN/AAR-47 導彈告警系統。所有機型都有空中加油系統。

上圖和下圖：V-22 空重 14463 千克，垂直起降時起飛重量 21545 千克，短距起降時起飛重量為 24947 千克，短距起降時最大起飛重量為 27442 千克。（圖片來源：PORTICO）

上圖：V-22 的機身為矩形，這加大了機艙內的容積，它可運載 24 名全副武裝的士兵或 12 副擔架及醫務人員，也可在機內裝運 9072 千克的貨物並外掛 6804 千克的武器裝備或燃料。飛行速度和航程遠遠超過了 CH-46 直升機，甚至比某些現役的軍用運輸機相比，V-22 也佔有某些優勢。（圖片來源：PORTICO）

V-22 的機載武器可根據執行任務的性質進行模塊化選擇。通常在貨艙內安裝了若干挺 7.62 毫米或 12.7 毫米機槍，在機身的頭部下方安裝了旋轉式炮架，機身兩側安裝了魚雷和導彈掛架。通用動力武器系統公司負責為 V-22「魚鷹」飛機開發炮架系統。

左圖：「魚鷹」裝有現代的「玻璃」座艙、多功能控制系統和計算機視頻顯示器操縱。（圖片來源：PORTICO）

通用動力武器系統公司提供的 V-22 炮塔火炮系統將包括 1 門 GAU-19 12.7 毫米加特林機槍、1 個輕型炮塔與 1 個線形復合彈艙和供彈系統。該炮塔能左右各旋轉 75 度、上仰 20 度、下俯 70 度，位於機頭正下方，供彈系統則位於駕駛艙下方。

V-22 旋翼直徑 11.58 米，翼展 15.52 米，機長 19.09 米，機高 6.90 米，海平面巡航速度在採用直升機方式飛行時為 185 千米 / 小時，採用固定翼方式飛行時為 509 千米 / 小時。

V-22 實用升限 7925 米，短距起飛模式下滑跑距離 152 米，採用垂直起降滿載時最大航程為 2225 千米，採用短距起降滿載時最大航程為 3336 千米。

下圖：V-22「魚鷹」傾轉旋翼機旋翼螺旋槳每個旋翼螺旋槳系統有三個直徑為 38 英尺（11.58 米）的高扭度尖削槳葉，配有彈性軸承。一根橫向傳動軸連接兩個翼，在常規操作時不發揮作用，當一個引擎出現故障時可以同時驅動兩個旋翼。輔助動力裝置可以為引擎、兩台發電機以及空氣壓縮機提供能量，並且可以全自動操作。（圖片來源：PORTICO）

V-22「魚鷹」傾轉旋翼機的動力裝置為羅爾斯·羅伊斯公司的T406-AD-400（AE1107C），其功率為6150馬力（4590千瓦）。

V-22「魚鷹」傾轉旋翼機的機翼略前掠，主要由複合材料製成。裝配有兩段式單縫襟副翼，用於滾轉控制及增生作用，由線傳飛控系統控制。機翼的中間部分裝有變速箱、旋翼定位和制動系統。

下圖：折疊後的 V-22「魚鷹」。（圖片來源：PORTICO）

本圖：停在攻擊艦上的美國海軍陸戰隊的 MV-22「魚鷹」傾轉旋翼機。(圖片來源:PORTICO)

第*6*章
改型、使用和部署

V-22「魚鷹」傾轉旋翼機融合了直升機與固定翼飛機的優點，是新型高技術產品，在未來高技術戰爭和國民經濟建設中將發揮巨大的作用，用途十分廣泛。

據美國軍方研究，V-22「魚鷹」傾轉旋翼機可滿足 32 種軍事任務的需求。

V-22「魚鷹」傾轉旋翼機適應 21 世紀美軍的多種多樣的作戰需求，在作戰使用中不需要大量的後勤保障和支援，垂直起降模式下，不需要傳統意義上的機場和跑道，維護較為簡單，生存能力較強，對於現代戰爭樣式下越來越多的特種作戰行動非常適用。V-22「魚鷹」傾轉旋翼機能完成普通直升機所能完成的一切任務，由於具有速度快、航程遠、有效載荷較大的突出特點，特別適合執行兵員 / 裝備突擊運輸、戰鬥搜索和救援、特種作戰、後勤支援、醫療後撤、反潛等方面的任務，在軍隊佈防、緝毒、救援、拯救人質等特別強調速度的行動中會發揮極為重要的作用。

美國國防部前部長科恩曾經說過，V-22「魚鷹」傾轉旋翼機將會改變軍隊的行動方式。

各型魚鷹改型：

CV-22A

美國空軍使用的陸基型運輸直升機，型號為 CV-22A。

空軍要求能在 1297 千米的範圍內運輸 12 名特種部隊士兵，或是能

上圖：1977 年 5 月第一架 XV—15 作了首次自由懸停飛行，1979 年 4 月第二架 XV—15 以直升機飛行方式首次飛行，1979 年 7 月進行了從直升機飛行方式完全轉換成定翼機飛行方式的首次飛行。(圖片來源：PORTICO)

以 463 千米 / 小時的速度飛行並運送 1300 千克的物資飛行 1297 千米。

美空軍計劃採用大批量 CV-22A 取代目前空軍現役的幾乎是所有的 MH-53J、MH-60G 直升機和 MC-130E「攻擊爪」運輸機。因為 CV-22 比上述所有的直升機和飛機都飛得更快、更遠。裝備 CV-22A 使美國空軍和陸軍的戰術突擊空運能力尤其是突然性和可靠性大大增強。

CV-22 能在接受任務後的一天時間內抵達亞非大陸的任何地點執行任務，而且不需要其他機種輔助。也不用像以前那樣先用運輸機把直升機等大型裝備先運到直升機能到達的地域再由其自行起降執行作戰任務。

CV-22 特別裝備了大型副油箱，容量達 7950 升。還加裝了雷聲公司的 AN/APQ-174D 地形迴避/跟蹤雷達及兩台能實時接受衛星通信的羅克韋爾/科林斯公司的 AN/ARC-210 電台、改進的電子戰系統、一個 GPS 定位裝置、數字化地圖和摩托羅拉公司的單兵通信裝置。另外還加裝了三個鉸繩速降裝置、三個快速收繩裝置和一個救生吊籃。

右圖：洛克希德的一架 MC-130P。（圖片來源：PORTICO）

下圖：V-22 的機體結構大部分採用新型複合材料，它的兩個旋轉螺旋槳各有 3 片槳葉，2 副旋翼反向旋轉並且可折疊。（圖片來源：PORTICO）

上圖：兩棲攻擊艦上的 V-22。（圖片來源：PORTICO）

右圖及下圖：MV-22 的機頭及機身特寫。（圖片來源：PORTICO）

上圖：兩棲攻擊艦上的 V-22。（圖片來源：PORTICO）

　　這些設備能使「魚鷹」更加快速靈活的部署並承擔更多種的作戰任務。

MV-22B

　　MV-22B 是 V-22 系列第一種變型，為海軍陸戰隊使用的基本運輸型，部署在海軍兩棲攻擊艦上，共訂購了 552 架，可以提供部隊和作戰物資的快速大規模運輸。MV-22B 將逐漸替換陸戰隊的 CH-46「海上騎士」和 CH-53「超級種馬」

直升機。

　　自從 2007 年 3 月起，美國海軍陸
戰隊已經組建了三個「魚鷹」傾轉旋翼

上兩圖：兩棲攻擊艦上的 V-22。（圖片來源：
PORTICO）

機飛行中隊。

美國陸軍會以海軍陸戰隊的型號MV-22為標準，進行比較適用的陸上作戰型，用來執行多種作戰運輸任務。

CV-22B

美國特種作戰司令部（USSOCOM）屬下的航空部隊使用的型號是CV-22B，主要用於遠程特種作戰任務。

EV-22

美國陸軍計劃用V-22改型為EV-22以取代EH-1、EH-60、RV-1、RC-12和OV-10等幾種飛機作為電子戰飛機。

HV-22

計劃中的美海軍特種部隊突擊空運機型。可以用於海軍部隊的戰鬥搜索與救援，也可以執行特種作戰和後勤支援任務。

SV-22

SV-22是美海軍計劃取代S-3「海盜」反潛飛機的艦載通用機型。其最大作戰半徑可以達到1205千米。SV-22可以裝備吊掛聲吶、磁場探測器、布放和回收聲吶浮標並可裝備Mk-50反潛魚雷及反艦導彈等。

WV-22

WV-22是美國海軍和英國皇家海軍計劃中的預警機型以用於取代E-2「鷹眼」預警機。它將採用先進的嵌入機身和機翼的相控陣雷達，即所謂的「智能蒙皮」。這樣可大大提高飛機的性能。

隨著V-22及其改進型裝備部隊，美國軍隊的兩棲作戰能力以及全球範圍內的作戰保障能力都將得到一定程度的提高。「魚鷹」可滿足多種任務需求並將取代現役的CH-46和CH-53等型直升機和其他某些性能過時的機種。美國海軍陸戰隊計劃到2014年時共配備360架MV-22，用以裝備18個正規中隊和4個預備中隊，每個中隊12架。空軍購買的50架CV-22和海軍購買的48架HV-22也將陸續裝備部隊。美軍很快會真正具備「全球部署能力」，而作戰能力也將大為增強。

上圖：兩棲攻擊艦上方的 V-22。（圖片來源：PORTICO）

附錄：「魚鷹」事故大事記

　　美國在研製軍用傾轉旋翼機 MV-22「魚鷹」的過程中，幾乎事故不斷，並且發生了四次墜機重大事故，造成 30 人死亡。這在航空史上都是罕見的。

　　1991 午 6 月 11 日，由於機上 3 個橫滾陀螺中的兩個接線有錯誤，「魚鷹」5 號原型機在首次飛行中墜毀，所幸未造成人員傷亡。

　　1992 年 7 月 20 日，4 號原型機在弗吉尼亞州匡蒂科海航站降落時墜入波多馬克河，造成 3 名陸戰隊員和 4 名平民喪生。事故原因是聚集在發動機短艙內的減速器潤滑油被吸入進發動機。著火後，燃燒的高溫使傳動橫軸不能正常向兩旋翼傳輸功率，使升力突然下降引起墜機事故。

　　2000 年 4 月 8 日，2 架 MV-22「魚鷹」在參加服役前的飛行評估時，1 架在降落過程中墜毀，造成 19 名人員傷亡。這次事故的原因是 MV-22 下降速度太快而前飛速度太慢，在槳葉內側產生的上洗流超過了槳葉旋轉產生的

下洗流，使該機進入渦環狀態，從而使槳葉失去升力，最後滾轉墜地。

2000 年 12 月 11 日晚，1 架載有 4 名機組成員的美國海軍陸戰隊的 MV-22 墜毀，4 名機組成員全部遇難，其中包括一名美國海軍駕駛 MV-22 經驗最豐富的中尉。這次事故的原因至今還沒有定論。

在 2000 年 12 月 11 日的事故後，美國海軍陸戰隊於當日起停飛了所有的 MV-22，對該項目進行審查並對所有的 MV-22 進行檢查。原計劃 2000 年 12 月中旬做出對 MV-22 的投產決定已無限期推遲。直至 2002 年 4 月 26 日，美國國防部負責採辦的副部長奧爾德

裡奇在國防採辦會議上宣佈，國防部已批准恢復對 MV-22「魚鷹」傾轉旋翼飛機的飛行測試。

不難看出，傾轉旋翼機克服了常規直升機速度慢的缺點，並兼有常規直升機和固定翼飛機的優點，必將得到越來越廣泛的應用。

特別是美國海軍已把 MV-22「魚鷹」作為 21 世紀的主要裝備之一，不惜重金加速研製。雖然在研製過程中遇到了一些挫折，但 2010 年後，美國海軍的主要運輸直升機都將逐步被「魚鷹」傾轉旋翼機替代的趨勢不會改變。

技術參數

貝爾 - 波音公司的 MV-22A「魚鷹」飛機

類型：3/4 座岸基 / 艦基多用途偏轉翼運輸機

動力裝置：2 台 4586 千瓦的「艾利森」T406-AD-400 型渦輪軸發動機

性能：（估計）海平面直升機模式下的最大巡航速度 185 千米 / 小時，合適高度固定翼飛機模式下的最大巡航速度 582 千米，初始爬升率 707 米 / 分鐘，飛行高度 7925 米，無地效時盤旋高度 4330 米，執行兩棲攻擊任務時的航程 935 千米，執行運輸任務時在短距起飛後航程為 3892 千米

重量：（估計）淨重 15032 千克，垂直起飛時最大起飛重量 21546 千克，短距離起飛時最大起飛重量 27443 千克

尺寸：總寬度 25.55 米，翼展 14.02 米（不包括發動機艙），每個旋翼螺旋槳直徑 11.58 米，長度 17.47 米（不包括探針），發動機艙垂直時的飛機高度 6.63 米，機翼面積 35.49 平方米，旋翼螺旋槳旋轉面積共 210.72 平方米

武器：（可能）1~2 架 12.7 毫米多管旋轉機炮

有效載荷：可運載多達 24 名人員，或者 12 付擔架以及所需的醫務人員，或者可內部裝載 9072 千克物資，或者可外部裝載 6804 千克物資

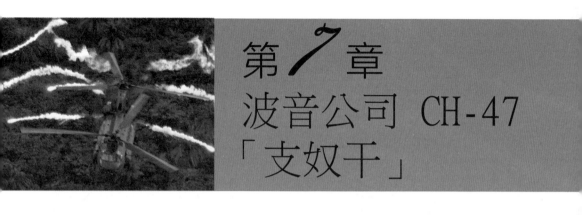

第7章
波音公司 CH-47
「支奴干」

1959 年 3 月，美國陸軍在對 5 家直升機公司的報告進行評估後，最終選擇了波音公司的 VERTOL114 型飛機作為未來戰場的機動直升機。該型直升機計劃發展成為全天候作戰型飛機，可內部裝載 1814 千克物資或外掛 7258 千克物資，運載 40 名全副武裝人員，通過機身後部艙門直接裝載物資，也可用於傷員撤運，運送「馬丁·瑪麗埃塔·珀欣」地對地導彈系統的任何部件。

上圖：「支奴干」HC MK2 型直升機對動力裝置進行幾次改進後，目前已開始進行全速生產。圖中是塞拉利昂上空飛行的樣機。（圖片來源：PORTICO）

對頁圖：1968 年，奧古斯塔公司設在意大利的分公司在獲得生產許可證後，與西來義 - 馬歇蒂公司聯合生產出 CH-47C「支奴干」直升機。CH-47C 直升機的最大用戶是意大利陸軍和伊朗，其中，意大利陸軍購買了 35 架，另外還購買了波音公司製造的兩架。伊朗購買了波音公司組裝的 38 架和奧古斯塔公司獨立生產的 30 架該型直升機。（圖片來源：PORTICO）

左圖：目前，CH-47D 型「支奴干」直升機是美國陸軍主要的中型運輸機，該型機將升級成為 CH-47F 型直升機。（圖片來源：PORTICO）

1959 年，美國陸軍訂購了 5 架 YHC-1B 型樣機，不久這些樣機被重新設計成 YCH-47A「支奴干」直升機。

CH-46 大型直升機

114 型機實際上是波音公司的 CH-46 直升機的擴大型和動力增強型，有一副四輪起落架，進行海上作戰時，機身兩側可安裝吊艙，從而增加下部密封機身的浮力。1961 年 9 月 21 日，第一架 YHC-1B 原型機進行首次試飛。1962 年開始，波音公司共生產交付 354 架 CH-47A 型「支奴干」直升機。

隨後生產了一系列型號的飛機。第一種型號是 CH-47B 型，共生產了 108 架，採用 2125 千瓦的 T55-L-7C 型發動機，重新設計了螺旋葉片和其他部件。第二種改進型是 CH-47C 型（234 型），共生產了 270 架，該型機動力

主起落架

「支奴干」直升機採用不可回收的四點輪式起落裝置，前部兩個起落裝置採用雙輪，配備液壓制動裝置，所有四個起落裝置均採用液壓減震器，其中三個可採用分離式輪橇。主輪胎可承受 6.07 個大氣壓。

駕駛員座艙

「支奴干」直升機的駕駛員座艙規模大且配置現代化，駕駛員（右側）和副駕駛（左側）座椅並排設置，座艙入口處有一個可折疊彈射座椅。像英國皇家空軍和陸軍航空兵的所有戰術直升機一樣，「支奴干」HC MK1 型直升機配備精確導航電腦。少數空軍型的「支奴干」HC MK1 型直升機在駕駛員座艙配備了夜視導航設備，其中一架在馬爾維納斯群島戰爭期間，成功地從即將沉沒的英艦「大西洋運送者」號脫身，並且在戰區執行了至關重要的重型運輸任務。

空軍「支奴干」直升機

「支奴干」直升機進入英國皇家空軍服役後，先後多次參加地區衝突。1982年，4架「支奴干」直升機參加了馬爾維納斯群島戰爭，執行重型運輸任務。當運送這些飛機的英艦「大西洋運送者」號被阿根廷一枚「飛魚」導彈擊沉時，有3架「支奴干」直升機被一起摧毀。在西德，為抵禦蘇聯可能發起的進攻，「支奴干」直升機頻繁出動支援英國軍隊的行動。在「沙漠風暴」行動中，英國皇家空軍的「支奴干」直升機主要用於支援常規部隊，以及參加特種部隊行動。在參加特種部隊作戰時，這些直升機加裝了適用的「實驗性夜間偽裝」裝備、衛星通信設備和艙門機炮。此外，「支奴干」直升

主義援助行動。在波斯尼亞，6架空軍「支奴干」HC MK2型直升機負責支援英國第24空中機動旅。為此，該型直升機進行了一系列改裝，包括加裝裝甲和防禦性航空電子設備。在克拉伊納地區，第7中隊的兩架「支奴干」直升機被塗成白色，參加聯合國人道主義行動。1999年6月，8架「支奴干」直升機執行了進駐科索沃的北約部隊運輸任務，並成為運輸主力。該型直升機向熱點地區空運了英國第5空降師，包括關鍵地區卡克尼科峽谷，從而確保了從馬其頓到科索沃首府普裡什蒂納的主幹道暢通。最近，「支奴干」HC MK2型直升機參加了阿富汗和伊拉克戰爭。

左圖：在執行特種任務時，「支奴干」是技術上最領先的直升機機種之一。（圖片來源：PORTICO）

上圖：日本陸上自衛隊的 CH-47JA 型直升機配備有雷達、前視紅外裝備和大容量油箱，作戰能力得到大幅度提升。日本的「支奴干」直升機由川崎公司以許可證方式進行生產。（圖片來源：PORTICO）

更加強大,加固了傳動系統,並且提高了燃油載運量。後來,波音公司為加拿大陸軍生產了 9 架和 CH-47C 相似的飛機,該型機於 1974 年 9 月開始交付。

東南亞地區

越南戰爭期間,波音公司共生產了 4 架 ACH-47A 型直升機,該型機和 CH-47A 型相似,但裝備了裝甲和重型武器。其中有 3 架在越南戰場上進行

上圖:日本陸上自衛隊(JGSDF)的第一個直升機旅裝備了 32 架 CH-47J/JA「支奴干」,由波音公司授權日本本土的川崎重工(KHI)製造,並從 1988 年開始部署部隊。日本版的「支奴干」與英國皇家空軍使用的版本很相似,只是使用了不同型號的發動機,性能稍有不足。日本的「支奴干」執行的任務類型與在美國和英國服役的版本一樣,主要是運輸、搜索、求援和救災。川崎重工在 1986 年獲得兩架樣機,以此為原型,一共生產了 54 架。前 5 架直接將波音提供的套件組裝而成。大約 40 架 CH-47J 被日本陸上自衛隊訂購,另外 16 架出售給了日本空中自衛隊。稍晚生產的「支奴干」已經是 CH-47JA 標準。這些直升機都裝備了加大的鞍式貨櫃,機頭雷達和一套設置在機頭下方小塔中的 AAQ-16 前視紅外電子偵察和防護系統。飛機的座艙部分使用了玻璃結構。CH-47J 並沒有在日本本土以外的地方執行過任務,不過對於日本陸上自衛隊來說它的價值依然不可估量。(圖片來源:PORTICO)

CH-47D「支奴干」
主要部件剖面圖

1 空速管；
2 前燈；
3 前艙檢查口；
4 減震器；
5 敵我識別天線；
6 風擋玻璃；
7 風擋雨刷；
8 儀表板護罩；
9 方向舵踏板；
10 左側偏航傳感器；
11 下視窗；
12 飛行員踏腳板；
13 總距控制桿；
14 週期變距控制桿；
15 副駕駛座椅；
16 中央儀表台；
17 飛行員座椅；

18 下滑道指示器；
19 前變速箱殼整流罩；
20 駕駛艙頂窗；
21 通往主機艙的門；
22 駕駛艙逃生出口；
23 可滑動的側窗玻璃；
24 駕駛艙壁；
25 減震器；
26 駕駛艙門釋放手柄；
27 無線電和電子設備架；
28 傾斜艙壁；
29 駕駛桿助力裝置；
30 增穩系統傳動裝置；
31 前部傳動裝置安裝框架結構；
32 風擋清洗器瓶；

33 旋翼控制液壓千斤頂；
34 前傳動齒輪箱；
35 槳轂整流罩；
36 前槳轂機械裝置；
37 槳葉螺距控制手柄；
38 槳葉阻力鉸減擺器；
39 玻璃纖維槳葉；
40 帶除冰裝置的鈦金屬槳葉前緣；
41 救援用絞盤；
42 前轉動後整流罩；
43 液壓系統模塊；
44 控制手柄；
45 前機身和縱梁結構；
46 緊急逃生艙口右側主艙門；
47 貨物地板前緣；
48 燃油箱機身邊整流罩；

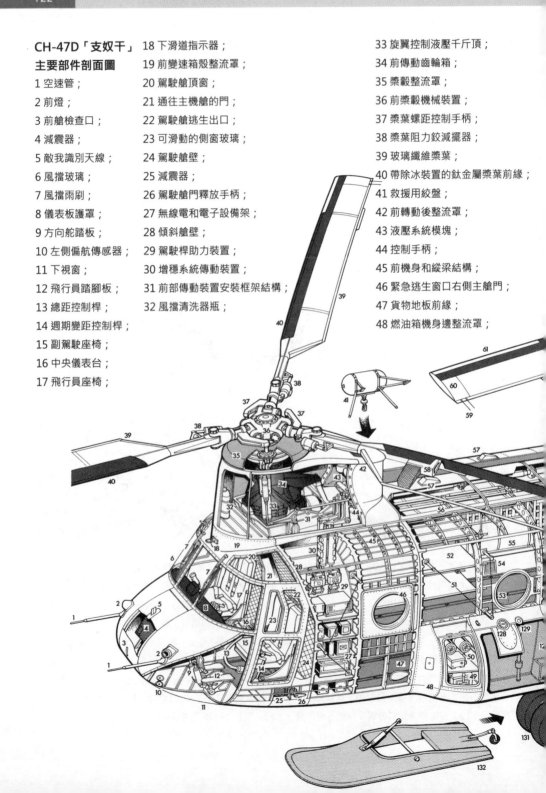

49 電池；

50 電子系統裝備艙；

51 高空天線電纜；

52 擔架安放支架（最多可放 24
　　副擔架）；

53 機艙窗玻璃；

54 機艙加熱器送風管出口；

55 部隊座椅（靠背緊貼機艙壁）；

56 機艙頂傳動和控制通道；

57 編隊燈；

58 旋翼槳葉橫截面；

59 靜電放電器；

60 葉片平衡器和配重；

61 槳葉前緣防侵蝕護套；

62 固定翼片；

63 機體蒙皮；

64 維護通道；

65 傳動通道檢查門；

66 部隊座椅，最多可搭載 44
　　名士兵；

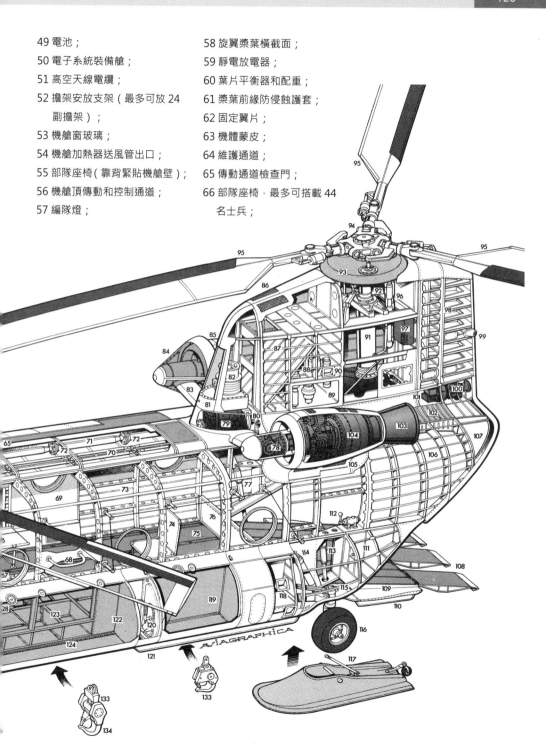

67 吊貨鉤檢查口；

68 甚高頻全向無線電信標；

69 機艙內襯；

70 操縱線路；

71 主傳動軸；

72 傳動軸耦合器；

73 中部機身結構；

74 中央通道座椅（可選擇）；

75 主載貨地板，貨物可用空間 1440 立方英尺
（40.78 立方米）；

76 水上作業時的可升降防水壩；

77 防水板升降液壓動作筒；

78 引擎錐形傳動齒輪箱；

79 傳動綜合齒輪箱；

80 轉子制動器；

81 傳動滑油箱；

82 滑油冷卻器；

83 引擎驅動軸整流罩；

84 引擎防護網；

85 右側引擎機艙；

86 冷卻空氣格柵；

87 尾部旋翼支撐結構；

88 液壓設備；

89 檢查口；

90 維護梯；

91 尾部旋翼驅動軸；

92 尾部旋翼軸承架；

93 槳轂整流罩；

94 尾部旋翼槳轂機械裝置；

95 主旋翼槳葉玻璃纖維結構；

96 旋翼控制液壓千斤頂；

97 減震器；

98 後部旋翼支架後整流罩結構；

99 尾燈；

100「索拉」T62T-2B 輔助動力設備；

101 輔助動力設備驅動發電機；

102 維護通道；

103 引擎排氣管；

104 萊科明公司 T55-L-712 型渦輪軸引擎；

105 可拆卸的引擎罩；

106 後機身和縱梁結構；

107 後部貨運艙門；

108 防水附加物；

109 貨物裝卸跳板，放下狀態；

110 腹鰭；

111 機體側面整流罩後部延長結構；

112 跳板控制手柄；

113 跳板液壓千斤頂；

114 後起落架減震器；

115 起落架支柱；

116 單輪式後機輪；

117 後機輪滑橇裝置；

118 維護梯；

119 後燃油箱；

120 燃油箱連接頭；

121 機腹；

122 主燃油箱，系統總容量為 1030 美制加侖
（3899 升）；

123 地板橫樑結構；

124 燃油箱連接頭；

125 燃油管道系統；

126 燃油滅火器；

127 前燃油箱；

128 燃油加油口蓋；

129 燃油容量傳感器；

130 前起落架懸掛；

131 雙前輪；

132 前輪滑橇裝置；

133 3 個一組的貨物吊鉤系統，前後吊鉤起吊能力
20000 磅（9072 千克）；

134 主貨物吊鉤，起吊能力 28000 磅
（12700 千克）。

上圖：MH-47E 特別行動直升機（SOA）是波音公司生產的 CH-47「支奴干」直升機的一種衍生型號。
除了其他改進，最重要的變化是直升機的主、副油箱都進行了改進，大大增加了燃油裝載能力。直升機上
裝備的航空電子單元以及多模式雷達都得到了升級。它計劃用來執行極端氣候條件下的部隊滲透和撤離任
務，同時還可以支援美國陸軍、警察部隊以及其他機構的行動或特殊任務。CH-47D「支奴干」已經經過
了特別改裝，執行特殊任務，並在戰鬥中進行了實驗。它為特別行動提供了直升機的遠程滲透和中型攻擊
支援。在 1991 年「沙漠風暴」行動中，MH-47E 的前輩 CH-47 執行了特種部隊的滲透部署和撤離任務，
並救援被擊落飛機的飛行員。MH-47E 的雙旋翼結構使它成為世界上最容易辨認的機種之一。它能夠在
任何地形、任何條件下進行低空飛行，MH-47E 也已經成為世界上許多特種部隊的最愛，美國的三角洲
特種部隊和英國的 SAS 特種部隊都廣泛地使用這種直升機。（圖片來源：PORTICO）

了評估，但沒有生產出更多的樣機。

　　在東南亞，「支奴干」直升機不
僅在人員、裝備運輸以及傷員撤運方
面發揮重要作用，還在損壞飛機修理
以及難民空運方面表現出色。目前對

美國陸軍正在使用的 472 架 CH-47A、
B、C 型飛機進行了現代化改裝。第一
架改裝後的 CH-47D 原型機於 1982 年 2
月 26 日進行了首次飛行，該機型採用
了動力更加強大的 T55-L-712 型渦輪

上圖：2010 年 2 月，加拿大空軍的「大禿鷹」和「支奴干」直升機在莫斯塔拉克行動中組隊飛行。它們此行的任務是將英國、愛沙尼亞和阿富汗軍隊運送到一個名叫納德伊阿里的村莊，這個村莊是塔利班武裝在赫爾曼德省建立的一個軍事要塞。（圖片來源：PORTICO）

軸發動機（功率 3356 千瓦），驅動高速率的傳動裝置，許多其他部件也進行了改進。

英國皇家空軍的「支奴干」直升機

根據「支奴干」HC MK1 型直升機的設計，英國皇家空軍訂購了 33 架出口型的 CH-47C 直升機，配備英國的航空電子設備、裝備以及其他特種裝備。其中的第一架飛機於 1980 年 8 月交付。隨後，英國皇家空軍的訂購數量增加到了 41 架，其餘的陸續改裝為「支奴干」HC MK1A 型。後來，對 32 架進行了現代化改裝，成為「支奴干」HC MK2 型（基

上圖：美國陸軍第 160 特種部隊航空團的 MH-47「支奴干」直升機被作為先頭部隊，負責運送美國特種部隊進入阿富汗。（圖片來源：PORTICO）

本上是 CH-47D 型），採用 T55-L-712F 型發動機。之後，英國皇家空軍又訂購了 17 架「支奴干」，8 架是 HC MK2 型，其餘的是和美國 MH-47E 型特種作戰型相似的 HC MK3 型。後來，HC MK3 型直升機又移交給了美國。

1970 年開始，向歐洲和中東交付的「支奴干」直升機由意大利公司製造。然而，由波音公司製造的軍用型「支奴干」機只有 414 型，即國際出口型的 CH-47SD「支奴干」直升機。在「支奴干」的出口國中，日本接收的該型直升機是由川崎公司製造的。

上圖：2002 年 2 月，美國陸軍第 101 空降師（負責空襲任務）第三旅的士兵登上「支奴干」直升機執行阿富汗戰爭的「水蟒」行動作戰任務。（圖片來源：PORTICO）

上圖：阿富汗「水蟒」行動中，美國空軍士兵將武器彈藥裝上 CH-47「支奴干」直升機，準備將其運送到阿富汗加德茲附近的山地區域，供在當地作戰的美軍和阿富汗軍隊使用。（圖片來源：PORTICO）

下圖：阿富汗「羅伯茨山脊」上的 MH-47E 直升機殘骸。該山脊以尼爾羅伯茨的名字命名，他是美國海軍海豹突擊隊隊員，在「水蟒」行動中犧牲。（圖片來源：PORTICO）

上圖：2005 年 10 月，巴裡科特，巴基斯坦士兵正在從美國陸軍的 CH-47「支奴干」直升機上卸下賑災物質，援助在地震中受到傷害的巴基斯坦人民。這架執行救援任務的「支奴干」直升機來自阿富汗境內的巴格拉姆空軍基地。（圖片來源：PORTICO）

左圖：2002 年年初，加拿大特種部隊隊員乘坐美國陸軍的「支奴干」直升機進入阿富汗托拉波拉山區執行作戰任務。他們此行的目的是對基地組織曾經駐紮的一個山洞進行搜查。（圖片來源：PORTICO）

右圖：這架荷蘭的 CH-47D 型直升機正運載著一輛戰術車輛。在荷蘭軍隊中，配備了 EFIS 設備、機鼻雷達和 T55-L-714 型發動機的「支奴干」直升機是最先進的直升機。

（圖片來源：PORTICO）

技術參數

波音公司的 CH-47「支奴干」直升機

動力裝置：兩台泰克斯龍·萊科明公司 T55-L-712 型渦輪軸引擎，單台功率：起飛時為 3750 軸馬力（2769 千瓦），連續運轉時為 3000 軸馬力（2237 千瓦）。或者 2 台泰克斯龍·萊科明公司 T55-L-712SSB 型渦輪軸引擎，單台功率：起飛時為 4 378 軸馬力（3264 千瓦），連續運轉時為 3 137 軸馬力（2339 千瓦）。這兩種配置方案的驅動傳輸率均為雙引擎 7 500 軸馬力（5593 千瓦）；單引擎 4600 軸馬力（3430 千瓦）。

性能：海平面最大平飛速度 161 節（185 英里 / 時；298 千米 / 時）；在最適合的高度的最大巡航速度 138 節（159 英里 / 時；256 千米 / 時）；海平面最大爬升率 2 195 英尺（669 米）/ 分

實用升限：22100 英尺（6735 米）；懸停升限 10550 英尺（3215 米）

重量：空重 22379 磅（10151 千克）；正常起飛重量 46000 磅（20866 千克）；最大起飛重量 50000 磅（22679 千克）；燃油與載荷機內燃油 1030 美制加侖（3899 升）；轉場航程 1093 海里（1259 英里；2026 千米）；作戰半徑（最大內部和最大外部載荷）在 100~30 海里之間（115~35 英里；185~56 千米）；外掛燃油無；最大載荷 22798 磅（10341 千克）

燃油與載荷：機內燃油 2550 磅（1157 千克）；外掛燃油（4 個布侖瑞克油箱）2712 磅（1230 千克）

尺寸：長度（旋翼旋轉狀態）98 英尺 10.75 英吋（30.14 米）；機身長度 51 英尺（15.54 米）

從地面到後槳轂的高度：18 英尺 11 英吋（5.77 米）；輪距 10 英尺 6 英吋（3.20 米）；輪軸距 22 英尺 6 英吋（6.86 米）；旋翼直徑 60 英尺（18.29 米）；旋翼旋轉面積 5654.86 平方英尺（525.34 平方米）

第8章
波音 - 威托爾公司
H-46「海騎士」

威托爾飛機有限公司於 1956 年 3 月成立後不久，開始著手設計一種雙旋翼商業運輸直升機，美軍對於該機型表示出了極大的購買興趣。

美國陸軍的早期興趣

威托爾 107 型直升機的第一架原型機於 1958 年 4 月 22 日首次試飛。美國陸軍首先表示要對這種新型直升機進行評估，並於 1958 年 7 月訂購了 10 架略有改進的 YHC-1A 型直升機，其中的首架於 1959 年 8 月 27 日第一次試飛。此時美國陸軍開始逐漸傾向於一種體積更大、動力更強的直升機

下圖：年邁的 CH-46E「海騎士」是美國海軍陸戰隊（USMC）突擊部隊的一個組成部分。這種特徵鮮明的雙旋翼直升機的主要功能就是部隊突擊，其次是運送物資和設備。此外，它還可以為部隊撤退和其他海上特種行動提供戰鬥和攻擊支援，執行水上搜救任務，通過補充燃料和彈藥支援機動化部隊的推進，或者提供醫療救護將傷員從戰場撤到合適的醫療場所。由於美國海軍陸戰隊在越南需要一種中型的運輸直升機，因此 CH-46E「海騎士」在 1964 年誕生了，然而從設計到投入使用，這種直升機卻經歷了非常坎坷的道路。在開發的過程中，許多架飛機墜毀，不過，很快它就贏得了那些懷疑者的信任，它在戰爭及和平環境下執行的所有任務都取得了巨大的成功。目前，它已經接近服役生涯的盡頭，正常的機身使用壽命和損耗率使這種飛機到了應該被替換的時候。V-22「魚鷹」已經被指定為它的接替者。（圖片來源：PORTICO）

上圖：川崎重工的 KV-107 直升機從本質上來說就是波音公司設計的 CH-46「海騎士」。川崎製造了一個系列多種型號的 KV-107，包括為日本海上自衛隊（JMSDF）生產的掃雷型和為日本陸上自衛隊（JGSDF）製造的運輸部隊的型號。另外還有一種執行遠程搜救任務的型號，增加了副油箱、半球形的觀察窗、4 個探照燈、一部救援吊臂，外加增強的導航和電子通信系統。共為空中自衛隊生產了 14 架。很明顯，KV-107 對於川崎重工和日本武裝部隊來說都是一次巨大的成功。（圖片來源：PORTICO）

（該機是威托爾飛機公司從 107 原型機改進而來的），於是將 10 架訂單減少至 3 架（這 3 架 YHC-1A 型直升機更名為 YCH-46C）。後來，威托爾飛機公司對第 3 架進行了設備改裝，安裝了功率為 783 千瓦（1050 軸馬力）的 T58-GE-6 型渦輪軸發動機，增加了旋翼直徑。這架 107- Ⅱ 型直升機原型機於 1960 年 10 月 25 日首次試飛。當時，威托爾飛機公司已經成為波音公司的一個分支機構。

美國海軍陸戰隊對 107- Ⅱ 型直升機深感興趣，此時，其中的 1 架被改裝成 107M 型直升機原型機，安裝了兩台 T58-GE-8 型發動機，成功地贏得了一份 HRB-1 型直升機（1962 年改為 CH-46A 型直升機）合同，並被命名為「海騎士」直升機。從此以後，「海騎士」直升機在美國海軍陸戰隊和美國海軍中廣為應用，海軍陸戰隊主要用這種飛機來運輸部隊，海軍則主要用它來進行垂直補給。

海軍的雙旋翼

在引進 MV-22「魚鷹」之前，美國海軍陸戰隊直升機隊注定要保留他們的主力，H-46 海上騎士又回溯到了 1958 年民用機型 107 的時代。

波音直升機公司的 107 機型，或

下圖：美國海軍使用了 UH-46A 多用途運輸機（交付 14 架）、HH-46D 專用搜索營救改型和 UH-46D 改進型多用機型。美國海軍的海上騎士主要執行垂直補給任務。（圖片來源：PORTICO）

者叫美國軍用 H-46 海上騎士系列，在直升機界是一支熟悉的機型。人們廣泛認為它將美國海軍陸戰隊的作戰水平從越南時代帶入了現今時代。在 1958 年 4 月第一架樣機升空後的四十年後，海上騎士仍然是美國海軍陸戰隊機動部隊的主力。因為最終將會被貝爾波音的傾斜旋翼機型 MV-22B 海鷹取代，海軍陸戰隊的海上騎士很有可能進行現代化改造，在徹底退休前至

少再服役十年。波音在賓夕法尼亞州費城的 H-46 系列項目經理 R.A. 斯弗恩特堅稱 H-46 還「非常有活力」並且「對我們所有人來說，這都是正在發展中的項目」。

這架雙串式直升機在其他國家並沒有受到太多關注。瑞典用它的一個版本執行反潛任務，加拿大用另外一個版本進行搜索和營救。加拿大命名它為 CH-113「拉布拉多」，經常把它派到環境惡劣的北方地區，由於那裡的嚴酷的氣候和地形條件，任何營救任務都不可避免地更加困難。

H-46，或 107 機型，最初來自於弗蘭克·皮亞塞茨基的開創性工作，開發出了縱列雙旋翼和「飛行香蕉」裝置，還有一系列早期的旋翼飛行器，包括美國海軍 HRP 和 HUP（陸軍命名為 H-21 和 H-25）。

1964 年 6 月，第一架 CH-46 Sea Knight（交付時使用 HRB-1 命名法，表示 Helicopter,Transport,Boeing）加入美國海軍陸戰隊 HMM-265 分隊。這並不是個容易的決定，FMF（艦隊陸戰隊）通常是裝備西科斯基的設計（外加 20 世紀 50 年代後期朝鮮和卡曼 HOKs 美國領區的一小部分貝爾 HTL-4）。當宣佈替換西科斯基很偏愛的 UH-34D 的是 CH-46 而不是西科斯基產品的時候，所有人都既震驚又無法相信。

上圖：第一架軍用 107 被命名為 HC-1A（取自 Helicopter，Cargo）。這架 YHC-1A 樣機是美國陸軍用來進行評估的，1962 年之後被叫做 YCH-46C。（圖片來源：PORTICO）

上圖：1964 年 5 月，CH-113A 候鳥（Voyageur）攻擊運輸機交付給加拿大陸軍。同時，加拿大皇家空軍獲得了 CH-113 拉布拉多執行搜救任務。（圖片來源：PORTICO）

下圖：一架由海灣戰爭老兵駕駛的 UH-46D，HC-8「Dragon Whales」，Det 6，停在美國軍艦聖地亞哥號上。這架美國海軍的 UH-46D 多用運輸機改型，建立在新的機身框架之上，由至少五架 CH-46A 和 UH-46A 直升機改裝而成。（圖片來源：PORTICO）

上圖：以這架 HMM-261 為代表的 CH-46F 是為美國海軍陸戰隊生產的最後一批機型。大部分現在被升
級為標準型 CH-46E。（圖片來源：PORTICO）

上圖：從 1967 年 9 月開始，裝備了包括在越南的 CH-46 在內的多種不同直升機接過了搜索營救的職責，
直到 1973 年 9 月，共執行了 100 多次的營救。（圖片來源：PORTICO）

上圖：1975 年 4 月 從 西貢 的 最後 一 次 撤離中，一架 CH-46D 的機組人員。（圖片來源：PORTICO）

右圖：駐紮 在 越南 的 H-46。（圖片來源：PORTICO）

改進型直升機

　　在 160 架 CH-46A 型直升機之中，首機於 1965 年進入美國海軍陸戰隊服役。此後，大量改進型直升機投入生產，其中包括 266 架美國海軍陸戰隊的 CH-46D 型直升機（除安裝的功率 1044 千瓦的 T58-GE-10 型發動機外，其他結構與 CH-46A 型直升機相似），174 架美國海軍陸戰隊的 CH-46F 型直升機（除增裝了電子設備外，其他結構與 CH-46D 型直升機相似），14 架美國海軍的 UH-46A 型直升機（結構與 CH-

46A 型直升機相似），以及 10 架美國
海軍的 UH-46D 型直升機（結構與 CH-
46D 型直升機完全相同）。美國海軍陸
戰隊將 273 架服役多年的「海上騎士」

直升機升級為標準的 CH-46E 型直升機，
安裝了功率 1394 千瓦（1870 軸馬力）
的 T58-GE-16 型渦輪軸發動機，並進
行了其他改進，其中包括結構加固，

上圖：加拿大的雙引擎 CH-113「拉布拉多」直升機作為一種執行搜救任務的工具已經為這個國家服務多年。20 世紀 60 年代早期，最初引進「樵夫」直升機是為了支援加拿大陸軍的行動。不過，加拿大方面很快就對這種直升機進行重新配置，從原來執行戰術任務改成執行搜救任務，同時把它的名字改成了「拉布拉多」。（圖片來源：PORTICO）

安裝了玻璃纖維旋翼葉片。

出口國外

　　1963 年，6 架與 CH-46A 型直升機結構幾乎完全相同的 CH-113「拉布拉多」通用直升機交付加拿大皇家空軍。1964—1965 年，加拿大陸軍訂購了 12 架類似的直升機，命名為 CH-113A「樵夫」直升機。根據加拿大軍隊搜救能力升級方案，加拿大軍方與波音公司

簽訂合同，要求對 6 架 CH-113 型直升機和 5 架 CH-13A 型直升機進行升級，以提升搜救能力，1984 年中期完工。1962—1963 年，波音威托爾飛機公司將 107-Ⅱ型直升機交付瑞典空軍執行搜救任務，同時還交付給瑞典海軍執行反潛戰和掃雷任務，這兩種直升機被瑞典命名為 Hkp 4A 型直升機。

　　1965 年，日本川崎公司獲得了107-Ⅱ型直升機的全球銷售權，直

到 1990 年還在生產該型飛機的多種系列機，並命名為基本的「川崎威托爾 KV107- II」直升機。目前，該機型正逐步退出日本現役。

技術參數

波音威托爾飛機公司的 CH-46A「海騎士」直升機

機型：雙旋翼運輸直升機，機組人員 2 ~ 3 名

動力系統：2 台通用電子公司的 T58-GE-8B 型渦輪軸發動機，每台功率為 932 千瓦（1250 軸馬力）

性能：海平面最大飛行速度 249 千米／時（155 英里／時）；1525 米（5000 英尺）高空的巡航速度為 243 千米／時（151 英里／時）；最初爬升率 439 米（1440 英尺）/分鐘；實用升限 4265 米（14000 英尺）；有地效懸停極限 2765 米（9070 英尺），無地效懸停極限 1707 米（5600 英尺）；艙內最大有效載荷時的巡航里程為 426 千米（265 英里）

飛機重量：空機重量 5627 千克（12406 磅）；最大起飛重量 9707 千克（21400 磅）

機身尺寸：每個旋翼直徑 15.24 米；包括旋轉旋翼在內，機長 25.4 米；機高 5.09 米；旋翼總旋轉面積 364.82 平方米

有效載荷：超過 25 名軍人，或機內可以放置 1814 千克（4000 磅）物資或外掛 2871 千克（6330 磅）物資

第9章
西科爾斯基公司
CH-53「海上種馬」

本頁圖：這兩張圖片清楚地顯示出 CH-53E 型和最初的 H-53 型的機身之間的差異。注意上圖這架 CH-53E 型機上部機身的排氣孔和右圖這架 CH-53G 型機的垂直尾翼。（圖片來源：PORTICO）

上圖：CH-53D 已經由 CH-53E 型替代，所有 D 型則轉移到夏威夷陸戰隊基地做後備用途。圖中是一架 CH-53E。（圖片來源：PORTICO）

為了滿足美國海軍陸戰隊對於 CH-37 重型運輸機進行換代的要求，西科爾斯基公司於 1964 年 10 月 14 日對 S-65 原型機進行試飛，隨後推出的 CH-53 型直升機於 1965 年 9 月服役。1993 年 7 月，最後一架在美軍服役的 CH-53A 型直升機退役。

CH-53 型直升機安裝了兩台 T64 型發動機，採用 CH-54 型直升機的傳動裝置，有一個大型的盒狀機艙，機艙後部配置一個裝載斜坡，前部側面有門，主起落架回收到機身兩側的突出部。CH-53A 型直升機被稱為「海上種馬」，是美國海軍陸戰隊主要的重型運輸直升機。

上圖：CH-53D 已經由 CH-53E 型替代，所有 D 型則轉移到夏威夷陸戰隊基地做後備用途。圖中是一架 CH-53E。（圖片來源：PORTICO）

上圖：正是其他直升機在越南戰爭中表現出的缺陷為 CH-53 型直升機的研製和生產提供了動力。由於在補給品運輸和對被擊落飛行員的救援方面的出色表現，首先服役的 CH-53A 和緊隨其後的 CH-53B 型直升機在本地區深受歡迎。兩年之後的 1969 年 9 月，CH-53C 型直升機進行了首次戰鬥出動。儘管從表面上看，CH-53C 和以前的型號並沒有太大的區別，但實際上它卻擁有多項改進。在其機腹下安裝的外部貨物吊鉤使它的起吊能力達到了 20000 磅（9072 千克）。在執行搜索救援任務時，它可以安裝一個擁有 250 英尺（76 米）纜繩的絞盤，這使它可以克服最高的叢林的阻擋。作為自衛手段，該型直升機裝備有 3 挺 0.3 英吋（7.62 毫米）機槍，這些機槍也可以用來壓制那些企圖先於救援直升機到達墜機飛行員藏身地點的敵軍。（圖片來源：PORTICO）

上圖：CH-53「海上種馬」中型運輸直升機是美海軍直升機部隊的重要組成部分，承擔大量的兩棲運輸任務。（圖片來源：PORTICO）

為了滿足美國海軍陸戰隊對於CH-37重型運輸機進行換代的要求，西科爾斯基公司於1964年10月14日對S-65原型機進行試飛，隨後推出的CH-53型直升機於1965年9月服役。1993年7月，最後一架在美軍服役的CH-53A型直升機退役。

CH-53型直升機安裝了兩台T64型發動機，採用CH-54型直升機的傳動裝置，有一個大型的盒狀機艙，機艙後部配置一個裝載斜坡，前部側面有門，主起落架回收到機身兩側的突出部。CH-53A型直升機被稱為「海上種馬」，是美國海軍陸戰隊主要的重型運輸直升機。

第一代「種馬」直升機的第二個重要機型是CH-53D型，其發動機和其他部位進行了改進，共生產了124架。該機型目前還在美國海軍陸戰隊服役，其中有兩架改裝成VH-53D型重要人員運輸機。

美國海軍陸戰隊少量的CH-53A型直升機轉交給了美國空軍，被稱為TH-53A型，作為MH-53型直升機的訓練機。美國空軍還購買了HH-53B型和HH-53C型直升機，將其作為救援直升機，均安裝了空中加油管和外部副油箱。此外，CH-53C型直升機沒有空中加油管，用於訓練和執行支援任務。20世紀80年代，剩下的CH/HH系列直升機被改裝成MH-53J III型直升機，後經過幾次改進，最終發展成為MH-53M IV型直升機，該型機將在美國空軍特種作戰司令部服役到2012年。

早期的H-53系列直升機曾經出口到澳大利亞（稱為S-65型）、以色列（S-65C-3型，該型機大多數改裝成為「信天翁」2000直升機）和德國（稱

為 CH-53G 型）。

　　為了獲得一種比 CH-53D 型直升機擁有更大運載能力的直升機，美國海軍陸戰隊購買了 CH-53E「超級種馬」直升機。該機的顯著特徵是在 H-53 基本型的機身加裝了第 3 台 T64 型發動機、一個七葉主螺旋槳、傾斜尾鰭和橫尾翼。

　　如同第一代「種馬」直升機，CH-53E 型直升機也發展出了海軍型的掃雷

本圖：一架 MH-53E 型直升機正準備起飛。這架直升機此時部署在巴林，支持「持久自由」行動。（圖片來源：PORTICO）

直升機，並出口到其他國家，但基本型的 CH-53E 型直升機並沒有出口。

西科爾斯基公司的 S-65 型直升機最初只配置 2 台發動機，而 S-80/H-53E 型直升機卻有 3 台發動機，每台功率為 3266 千瓦（4380 軸馬力），是除俄羅斯直升機之外軸馬力最強的直升機。早期的 CH-53A 型直升機和馬力更強的 CH-53D 型直升機交付美國海軍陸戰隊，所有交付的 CH-53A 型直升

MH-53J 發動機改用兩台通用電氣 T64-GE-100 發動機，單台推力 4330 馬力。為適應低空全天候滲透任務，MH-53J 裝備了地形跟蹤迴避雷達和前視紅外夜視系統（機頭鼓起處，不透明半球狀為雷達，下部帶有橙色鏡頭的是紅外夜視轉塔），並裝有任務地圖顯示系統。

MH-53J是H-53系列中的最新改型，用於執行低空遠程全天候突擊任務，主要為特種部隊滲透作戰提供機動和後勤保障。MH-53J是美軍目前重量和功率最大的直升機，是目前世界上技術最先進的直升機之一。

上圖:在海灣戰爭期間MH-53J執行了多種任務,而且是最早進入伊拉克領空的盟軍作戰機種之一。在「沙漠風暴」大空襲開始之前,MH-53J 運送特種部隊士兵和 AH-64 協同潛入伊拉克,一舉摧毀了伊軍早期預警雷達,在敵防空網中為盟軍打開了一條空襲通道。(圖片來源:PORTICO)

機都安裝有拖曳式掃雷設備, 但美國海軍認為專門的掃雷直升機的軸馬力應該更強,因此需要進一步改進。最終,15 架 CH-53A 型直升機更名為 RH-

53A 掃雷直升機後,交付美國海軍,安裝了功率 2927 千瓦(3925 軸馬力)的 T64-GE-413 型渦輪軸發動機,以及用來牽引 EDO Mk 105 水翼反水雷滑板的

右圖：是一架 CH-53E。MH-53E 由 CH-53E
改進而來，機體重量增大，載油量也大大增
加，改用 3 台通用電氣公司的 T64-GE-416 渦
軸發動機，單台推力 4380 馬力。（圖片來源：
PORTICO）

CH-53E
主要部件剖面圖

1 可收回的空中加油管；
2 空中加油管整流罩；
3 儀器艙檢查門；
4 下滑道天線；
5 新鮮空氣進氣口；
6 方向舵踏板；

7 著陸燈；
8 下視窗；
9 機頭起落架支柱；
10 雙前輪；
11 無線電及電子設備艙，左右各一；
12 駕駛艙地板；
13 總距控制手柄；
14 週期變距控制桿；
15 副駕駛防彈座椅；
16 儀表板遮蓋罩；
17 風擋雨刷；

18 風擋玻璃；
19 救援用絞車 / 絞盤；
20 空速管；
21 特高頻天線；
22 上方控制面板；
23 駕駛員防彈座椅；
24 座艙眉窗；

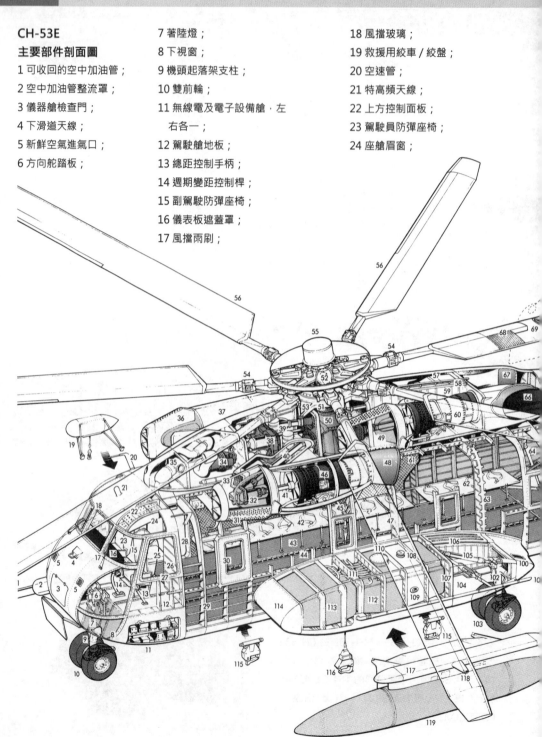

25 領航員座椅；
26 駕駛艙壁；
27 可分離的側窗玻璃；
28 右側乘員登機門；
29 機身和縱梁；
30 緊急逃生口；
31 引擎進氣道異物分離器；
32 交角驅動齒輪箱；

33 引擎滑油箱；
34 輔助動力設備；
35 機艙加熱設備；
36 右側引擎進氣道異物分離器；
37 裝甲引擎罩下表面；

38 輔助齒輪箱；
39 液壓系統油箱；
40 齒輪箱驅動軸；
41 左側引擎傳動軸；
42 折疊式部隊座椅，最多搭載
　　37 名士兵；
43 貨物裝載空間；
44 輥式傳送機；

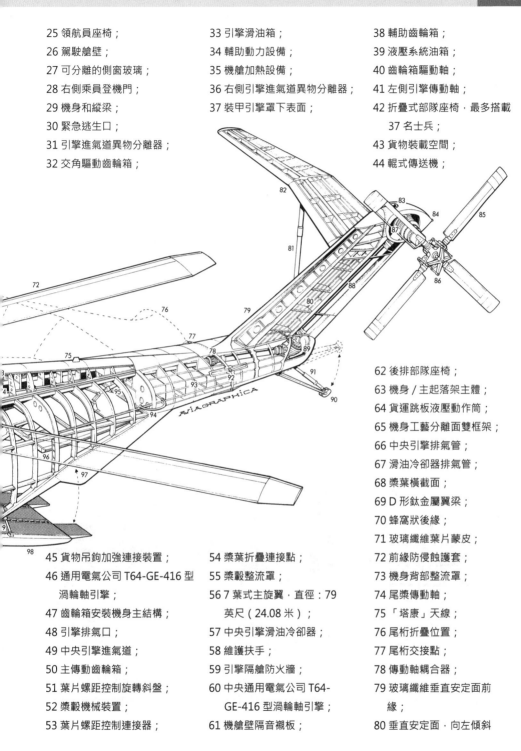

62 後排部隊座椅；
63 機身 / 主起落架主體；
64 貨運跳板液壓動作筒；
65 機身工藝分離面雙框架；
66 中央引擎排氣管；
67 滑油冷卻器排氣管；
68 槳葉橫截面；
69 D 形鈦金屬翼梁；
70 蜂窩狀後緣；
71 玻璃纖維葉片蒙皮；
72 前緣防侵蝕護套；
73 機身背部整流罩；
74 尾槳傳動軸；
75 「塔康」天線；
76 尾桁折疊位置；
77 尾桁交接點；
78 傳動軸耦合器；
79 玻璃纖維垂直安定面前
　　緣；
80 垂直安定面，向左傾斜

45 貨物吊鉤加強連接裝置；
46 通用電氣公司 T64-GE-416 型
　　渦輪軸引擎；
47 齒輪箱安裝機身主結構；
48 引擎排氣口；
49 中央引擎進氣道；
50 主傳動齒輪箱；
51 葉片螺距控制旋轉斜盤；
52 槳轂機械裝置；
53 葉片螺距控制連接器；

54 槳葉折疊連接點；
55 槳轂整流罩；
56 7 葉式主旋翼，直徑：79
　　英尺（24.08 米）；
57 中央引擎滑油冷卻器；
58 維護扶手；
59 引擎隔艙防火牆；
60 中央通用電氣公司 T64-
　　GE-416 型渦輪軸引擎；
61 機艙壁隔音襯板；

20 度；

81 水平尾翼支柱；

82 海鷗翼形水平安定面；

83 防撞燈；

84 機尾航行燈；

85 4 葉式尾槳，直徑：20 英
尺（6.1 米）；

86 尾槳槳距控制機械裝置；

87 尾槳齒輪箱；

88 最終傳動軸；

89 交角齒輪箱；

90 可回收式機尾緩衝器；

91 緩衝器液壓動作筒；

92 折疊尾桁閉鎖；

93 尾桁；

94 甚高頻全向無線電信標／定

位信標天線；

95 上貨艙門液壓動作筒；

96 上貨艙門打開位置；

97 艙門側板；

98 貨運跳板放下位置；

99 跳板液壓動作筒；

100 編隊燈；

101 空中放油管；

102 主起落架支柱；

103 雙主輪；

104 主輪艙；

105 液壓回收動作筒；

106 維護平台通道；

107 機身側面突出部位；

108 燃油加注口蓋；

109 左側航行燈；

110 燃油箱檢查蓋板；

111 燃油系統管；

112 左側主燃油箱，總容量
1017 美制加侖(3850 升)；

113 次燃油箱；

114 機身突出部前整流罩；

115 兩點式貨物吊運掛鉤；

116 單點式貨物吊運掛鉤，最
大掛載量 32200 磅(14606
千克)；

117 副油箱外掛架；

118 外掛架航行燈；

119 副油箱，容量 650 美制加
侖（2461 升）。

上圖：一架 MV-22B「魚鷹」直升機最終抵達「稜堡」軍營。該基地中還駐紮有美國海軍陸戰隊的 CH-53E「海馬」直升機、UH-1N/Y「休伊」直升機以及 AH-1W「超級眼鏡蛇」直升機。這些直升機將一起在阿富汗南部地區作戰。（圖片來源：PORTICO）

本頁圖：日本海上自衛隊的 S-80M「海龍」直升機主要用來從空中掃雷，它的另一種任務是艦載運輸。S-80M「海龍」與美國海軍的 MH-53E 完全一樣，它的任務是不論在戰爭中還是和平時期確保日本海上航道不受水雷威脅。MH-53 以航母、兩棲攻擊艦或其他戰艦為基地執行運輸任務，一次能夠運送 55 名士兵或 16 噸有效載重飛行 90 千米，或運載 10 噸有效載重飛行 900 千米。執行掃雷任務時，MH-53 可以拖帶一個綜合多功能掃雷系統，外形類似一條雙體小船，攜帶有多種探雷設備和掃雷器械，包括 MK105 掃雷滑水橇、ASQ-14 側向掃瞄聲呐、MK103 機械掃雷系統。使用直升機執行反水雷任務可以減少掃雷人員遇到危險的可能。

（圖片來源：PORTICO）

設備。

動力更強

RH-53A 型直升機用來研究新型掃雷技術，在 30 架 RH-53D「海龍」專用直升機問世之前，美國一直利用動力不足的直升機來試驗這些技術。RH-53D 型直升機安裝有副油箱，後來安裝了飛行油料補給探測器，接著安裝了功率為 3266 千瓦（4380 軸馬力）的 T64-GE-415 型渦輪軸發動機，從 1973 年夏開始交付美國海軍。截至 2003 年年初，仍有 19 架留在美國海軍服役，後來被 MH-53E 型直升機取代。6 架 RH-53D 交付伊朗海軍。

1973 年，美國海軍和海軍陸戰隊要求裝備升級型的重型運輸直升機，於是 CH-53E 型直升機就應運而生了，後來改進成為 MH-53E「海龍」直升機。MH-53E「海龍」掃雷直升機有一個較大的側油箱，可以裝載 3785 升（833 加侖）油料，使發動機保持較高的軸馬力，從而延長掃雷任務時間。第一架 MH-53E 原型機於 1981 年 12 月 23 日首次試飛，截至 2003 年約有 44 架仍在服役。MH-53J 型直升機曾賣給日本海上自衛隊。

左圖：是一架 HH-53 突擊運輸直升機，它是 CH-53 的改型，越戰中被廣泛應用於突擊救援任務。它改裝了兩台單台推力 3435 馬力的 T64-GE-7 渦軸發動機。HH-53 的機組成員為兩名飛行員和一名隨機工程師，機上可運載 38 名士兵。HH-53 配備了用於自衛的 7.62mm 機槍和若干 12.7mm 機槍。(圖片來源：PORTICO)

上圖：以色列購買的 H-53 直升機最初和 HH-53C 型機相似，後來改裝成為 CH-53D-2000 型。後來，以色列又從奧地利購買了兩架 S-65 型直升機。（圖片來源：PORTICO）

右圖：一架美國海軍陸戰隊的 CH-53E「海馬」直升機正在接受 KC-130R「大力神」加油機的空中加油。該直升機是美軍在阿富汗南部作戰時主要的兵力運送機型（圖片來源：PORTICO）

技術參數

西科爾斯基公司的 CH-53E「超級種馬」直升機

類型：重型運輸直升機

動力裝置：3 台通用電子公司的 T64-GE-416 型渦輪軸發動機，持續飛行時每台功率為 2756 千瓦

性能：空載時海平面最大平飛速度 315 千米 / 小時，裝載 11340 千克物資時海面最大爬高率為 762 米 / 分鐘，飛行高度 5640 米，盤旋高度 3520 米，外掛 9072 千克物資時作戰半徑 925 千米

重量：淨重 15072 千克，外掛物資時最大起飛重量 33340 千克，飛行距離達 92.5 千米時最大外掛有效載荷為 14515 千克

尺寸：主葉片直徑 24.08 米，包括螺旋槳在內總長度 30.19 米，總高度 8.97 米，主葉片旋轉面積 455.38 平方米